青藏高原东北部地区降水特征及其致灾危险性分析

李万志　刘彩红　等 著

内 容 简 介

青藏高原作为全球气候变暖响应最为明显的地区之一，近年来极端天气气候事件呈现突发、强发、频发、重发的特点，易造成较大人员伤亡和经济财产损失。本书针对青藏高原东北部地区气候特征及其气象灾害影响特点，分析了该地区的暴雨、雪灾、干旱、冰雹、低温、大风、沙尘暴、雷电8种气象灾害的时空分布特征，及其造成的气象灾害灾情发生次数特征。重点针对暴雨灾害发生及影响特点，通过计算暴雨灾害的致灾危险性、承灾体的暴露度等指标，构建了暴雨灾害风险评估模型，并对该地区暴雨灾害风险进行了评估，同时结合2015—2022年由降水引发的气象灾害灾情特征对评估结果进行了验证，得出评估模型具有一定的适用性，研究结果可为本地气象防灾减灾工作提供支撑。

图书在版编目（CIP）数据

青藏高原东北部地区降水特征及其致灾危险性分析 / 李万志等著. -- 北京 : 气象出版社, 2025. 2. -- ISBN 978-7-5029-8403-8

Ⅰ. P426.616

中国国家版本馆CIP数据核字第2025LY8625号

青藏高原东北部地区降水特征及其致灾危险性分析

Qingzang Gaoyuan Dongbeibu Diqu Jiangshui Tezheng ji qi Zhizai Weixianxing Fenxi

---

出版发行：气象出版社
地　　址：北京市海淀区中关村南大街46号　　**邮政编码**：100081
电　　话：010-68407112(总编室)　010-68408042(发行部)
网　　址：http://www.qxcbs.com　　**E-mail**：qxcbs@cma.gov.cn
责任编辑：陈　红　　**终　　审**：张　斌
责任校对：张硕杰　　**责任技编**：赵相宁
封面设计：楠竹文化
印　　刷：北京建宏印刷有限公司
开　　本：787 mm×1092 mm　1/16　　**印　　张**：5.5
字　　数：138千字
版　　次：2025年2月第1版　　**印　　次**：2025年2月第1次印刷
定　　价：60.00元

前言

气象防灾减灾是气象工作的重中之重，是国家防灾减灾工作不可替代的重要力量，是国家公共安全体系的重要组成部分，对于在新发展阶段推进现代化强国建设具有特殊的实践意义，需要我们有效防范化解气象灾害带来的各类风险挑战，最大限度地减轻气象灾害带来的不利影响和财产损失，不断提高经济社会抵御气象灾害的能力和韧性，确保社会主义现代化各项事业顺利推进。气候变化不仅是21世纪人类生存和发展面临的严峻挑战，也是当前国际政治、经济、外交博弈中的重大全球性问题，要认真分析在气候变暖背景下，各种灾害孕育、发生、演变规律和特点，努力实现从注重灾后救助向注重灾前预防转变，从减少灾害损失向减轻灾害风险转变，要高度重视气象灾害风险管理，充分发挥风险区划、风险评估在减轻气象灾害风险中的作用。

青海作为全国气候变暖最大地区之一，近年来极端天气气候事件频发，如2018年汛期，青海大到暴雨降水过程多、强度大，多地单日降水量突破历史极值，暴雨洪涝灾害为近10年最重，黄河上游出现了2012年以来最强汛情。同时汛期各类灾害交织发生、影响叠加，更加剧了防灾减灾救灾工作的复杂性与艰巨性，如暴雨、滑坡、泥石流、冰雹、雷电等灾害的同发、并发，常常造成较大的经济损失。青藏高原东北部地区是青海经济、人口密集区，同时也是受暴雨灾害影响最严重的地区，需要加强强降水过程下的气象灾害风险评估和预估技术研究，为本省防灾减灾工作提供技术支持。

本书共分为7章。各章编写人员如下：第1章由刘彩红、杨延华、祁门紫仪等编写；第2章由刘彩红、冯晓莉、杨延华等编写；第3章由李万志、冯晓莉、余迪等编写；第4章由刘彩红、杨延华、祁门紫仪等编写；第5章由李万志、祁门紫仪、余迪等编写；第6章由李万志、余迪、祁门紫仪等编写；第7章由李万志、杨延华、余迪等编写。书稿由杨延华、祁门紫仪统稿，刘彩红、李万志定稿。

由于编著水平所限，书中可能存在不完善和疏漏之处，恳请专家和广大读者批评指正。

作者

2024年8月

目录

第 1 章 基础数据及方法

1.1 基本情况

青藏高原东北部农业区属于湟水中游河谷盆地，位于日月山以东、龙羊峡到寺沟峡区间的黄河流域，以及黄河主要支流湟水流域，东经 98°54′—103°04′，北纬 38°48′—38°20′，东西长约 380 km，南北宽约 365 km。海拔 1667～5153 m，相对高差 3604 m，地势走向表现为西南高东北低，区域内地形差异比较显著(图 1.1)。总面积 46536.5 km^2，占青海省总面积的 6.5%。区域内水资源丰富，主要是由于南、西、北三面被西纳川、云谷川等 14 条河流呈扇形汇集成湟

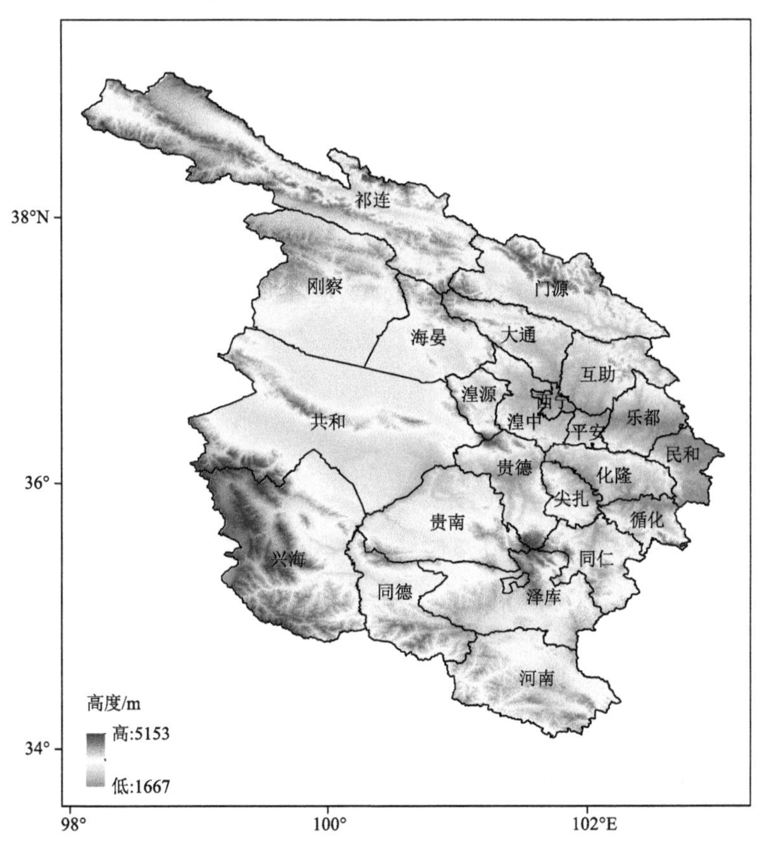

图 1.1　青藏高原东北部地势

水，为农业稳定发展提供了充足的条件。行政区划属5市(州)19个县(市、区)，即西宁市的市辖区(城西、城中、城东、城北)、湟中、湟源、大通5区2县，海东市的乐都、平安、民和、互助、化隆、循化2区4县，海南藏族自治州的共和、贵德、贵南、同德4县，海北藏族自治州的门源、海晏、刚察、祁连4县，黄南藏族自治州的同仁、尖扎、泽库、河南1市4县。

该区域是青海省人口密集区、农业主要种植区和经济最发达地区，同时也是青海省自然灾害多发地区之一，具有灾害种类多，连续性强，多具伴生性，且逐渐递增的特点。属于半干旱高原大陆性气候，年平均气温为4.0 ℃，年降水量为419.2 mm，昼夜温差比较大，且日照时间长、太阳辐射强，农业生产以旱作为主，主要有春小麦、马铃薯、辣椒、玉米、蔬菜、蚕豆、药材等。

根据青海省降水特征以及强降水引发灾害的影响特点，研究区域主要包括西宁、大通、湟源、湟中、平安、乐都、循化、化隆、互助、民和、共和、贵南、贵德、兴海、同德、同仁、尖扎、泽库、河南、祁连、门源、刚察、海晏、托勒、野牛沟，共计25个站点。

1.2 数据来源

(1)气象数据：青海省1961—2022年青藏高原东北部25个国家基本站气象数据；

(2)地理信息数据：采用国家信息中心下发的1∶25万的境界、水系、居民点及90 m分辨率的DEM(数字高程模型)等基础地理信息数据；

(3)遥感数据：使用2001—2020年研究区范围内的920景MODIS数据(MOD13Q1)，提取该数据的植被指数波段(NDVI)；

(4)社会统计资料：人口及GDP采用中国科学院地理科学与资源研究所出版的“2019年中国人口、GDP空间分布公里网格数据集”，该数据集人口、GDP的计算综合考虑土地利用类型、夜间灯光亮度、居民点密度及其与GDP的空间互动规律等信息，通过空间插值生成的1 km×1 km空间格网数据；

(5)耕地数据：耕地数据为基于Landsat 8遥感影像，通过人工目视解译，生成2020年土地利用类型数据，提取土地利用类型数据中的耕地类型，该数据空间分辨率为1 km×1 km。

(6)灾情资料：灾情直报系统里的气象灾情数据、气象灾害普查数据库中的灾情记录以及灾情公报、气象灾害大典、地方志和相关历史文献相关数据等。

1.3 风险预估方法

分别构建致灾因子危险性、孕灾环境敏感性、承灾体暴露度指数计算方程，综合考虑三个指标构建暴雨灾害风险评估方程(图1.2)，计算暴雨灾害综合风险指数，进一步结合降水的预报预测趋势结果，构建暴雨灾害风险预估模型。

为了消除各指标的量纲差异，对每一个指标值进行归一化处理。对于危险性、敏感性和暴露度所包含的各个指标归一化计算公式为：

$$D_{ij} = 0.5 + 0.5 \times \frac{A_{ij} - \min_i}{\max_i - \min_i} \tag{1.1}$$

式中：D_{ij}是j站点第i个指标的归一化值；A_{ij}是j站点第i个指标值；$\min_i$和$\max_i$分别是第i个指标值中的最小值和最大值。

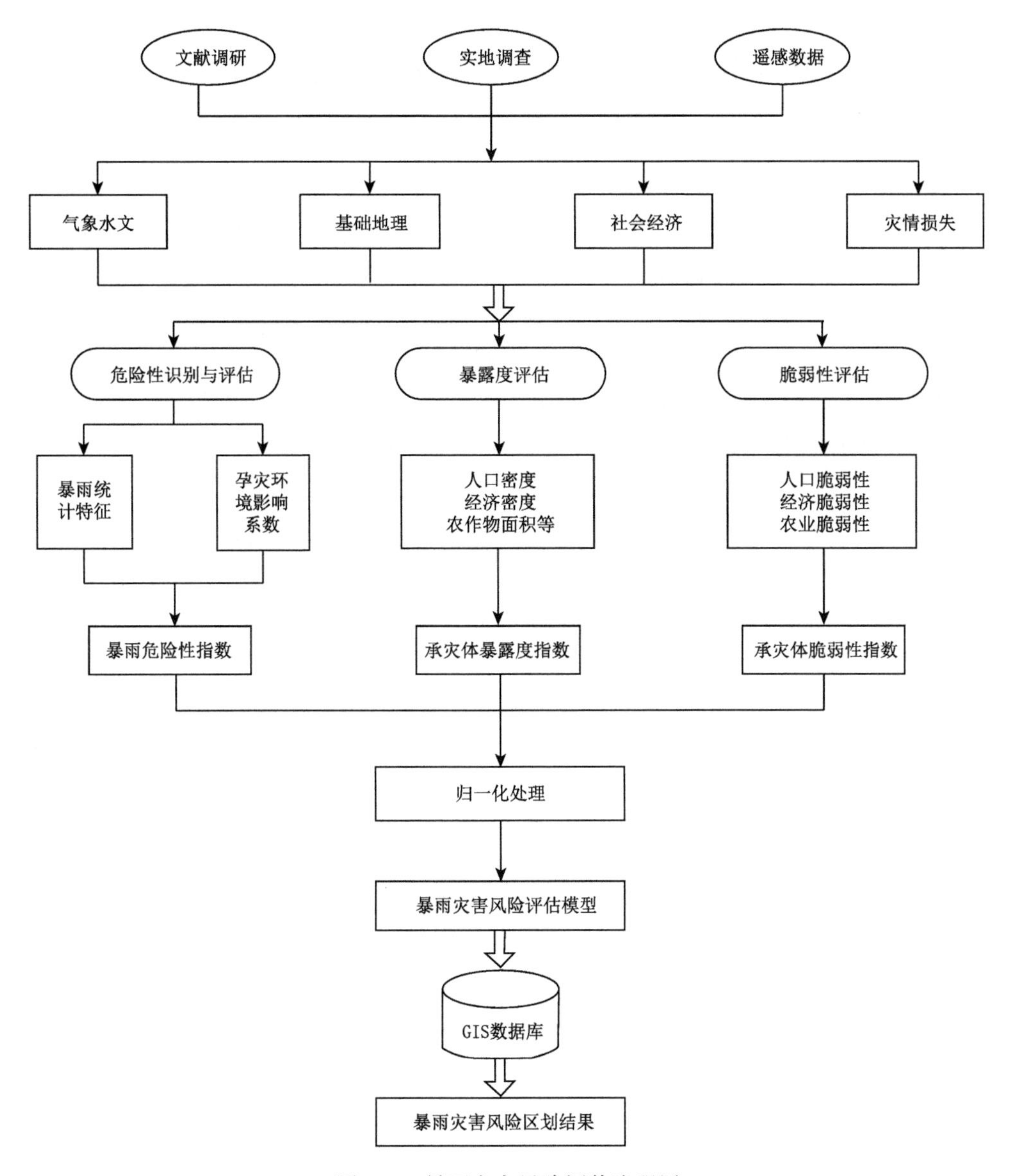

图 1.2　暴雨灾害风险评估流程图

雨涝指数计算公式：

$$IR = A \times R_{24pre} + B \times R_{pre} + C \times R_{day} \tag{1.2}$$

式中：IR 为暴雨过程强度指数；R_{24pre} 为暴雨过程日最大降水量指数；R_{pre} 为过程累计降水量指数；R_{day} 为过程持续天数指数；A、B、C 为 3 个指数的权重，权重系数采用信息熵赋权法计算获得。

累加当年逐场暴雨过程强度值，得到年雨涝指数。计算公式如下：

$$E = \sum_{i=1}^{n} IR_i \tag{1.3}$$

式中：E 为雨涝指数；IR_i 为第 i 场暴雨过程强度；n 为暴雨过程次数。

孕灾环境敏感性指数计算公式：

$$ER = \alpha \times P_{top} + \beta \times P_{riv} + \gamma \times P_{veg} \tag{1.4}$$

式中：ER 为孕灾环境影响指数；P_{top}为地形影响指数；P_{riv}为水系影响指数；P_{veg}为植被覆盖度指数；α,β,γ为 3 个指数的权重，权重系数采用专家打分法计算获得。

承灾体暴露度指数计算公式：

$$H = \xi \times I_{pop} + \eta \times I_{eco} + \zeta \times I_{cul} \tag{1.5}$$

式中：H为承灾体暴露度指数；I_{pop}为人口指数；I_{eco}为经济指数；I_{cul}为耕地面积指数；ξ,η,ζ为 3 个指数的权重，权重系数采用信息熵赋权法计算获得。

风险评估模型计算公式为：

$$MDRI = (1 + ER) \times E \times H \tag{1.6}$$

式中：MDRI 为暴雨灾害风险指数，MDRI 值越大风险等级越高；E为雨涝指数；H为承灾体影响指数；ER 为孕灾环境影响指数。

第 2 章
青海省气象灾害分布特征

2.1 气象灾害分布特征

2.1.1 暴雨

以日降水量≥25 mm 的降水日数作为暴雨灾害统计指标，1961—2022 年，青海省暴雨日数年平均为 1.5 d，总体呈增加趋势，增加速率为 0.13 d/(10 a)，其中 2018 年暴雨日数最多，为 3.4 d，1965 年最少，为 0.4 d(图 2.1a)。

从空间分布来看，青海省各地平均暴雨日数在 0～136.5 d，其中河南、互助、久治、大通、湟中暴雨日数均超过 100 d，湟中最多，达 136.5 d，冷湖、茫崖无暴雨日发生(图 2.1b)。

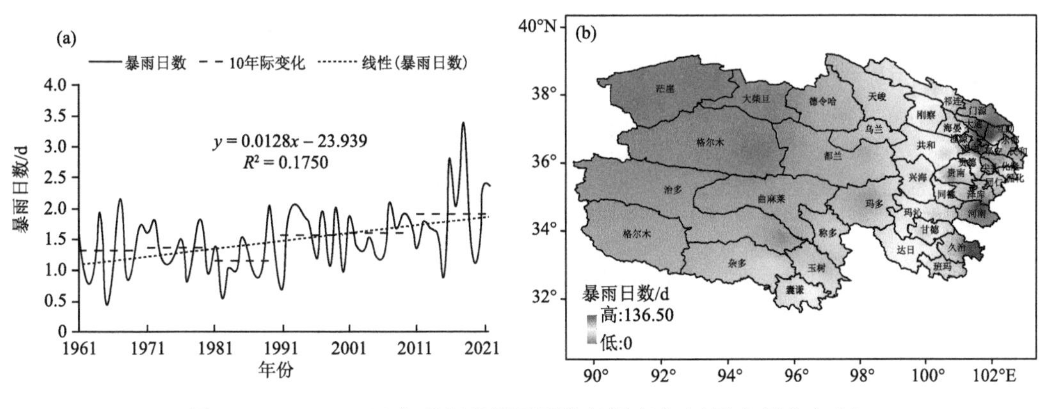

图 2.1　1961—2022 年青海省暴雨日数年际变化(a)及空间分布(b)

2.1.2 雪灾

(1)积雪日数呈减少趋势

1961—2022 年，青海省冬季平均积雪日数为 17 d，呈减少趋势，减少速率为 0.6 d/(10 a)。在年际变化上，20 世纪 70—90 年代为平均积雪日数最多的时段，之后开始减少(图 2.2a)。

从空间分布来看，青海省各地平均积雪日数在 0.71～17.58 d，其中称多、杂多、甘德、达日、玛多、都兰积雪日数较多，年最大积雪日数均超过 30 d，称多为积雪日数最多的地区(图 2.2b)。

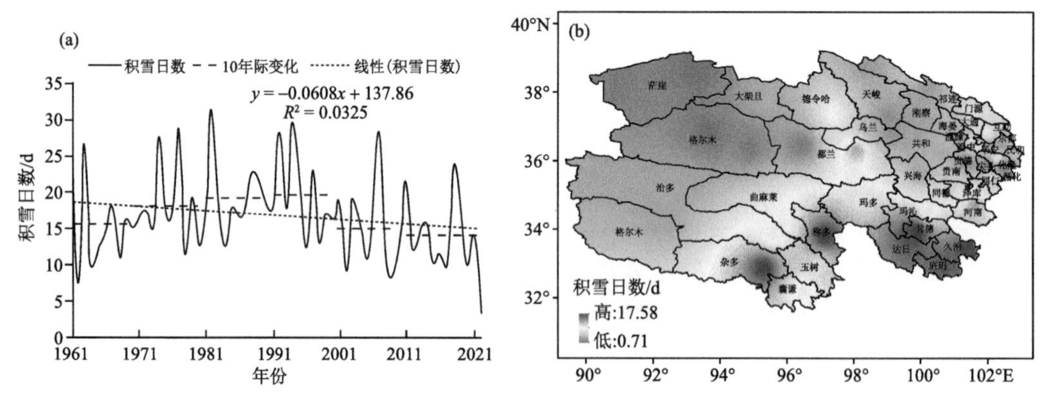

图 2.2　1961—2022 年青海省冬季积雪日数年际变化(a)及空间分布(b)

(2)积雪深度呈微弱减少趋势

1961—2022 年，青海省冬季平均积雪深度为 1.9 cm，呈微弱减少趋势，自 20 世纪 70 年代开始，平均积雪深度持续减少(图 2.3a)。

从空间分布来看，青海省各地平均积雪深度在 1.2～3.0 cm，其中称多、杂多、德令哈、久治、达日平均积雪深度较大，均超过 2.5 cm，称多为积雪深度最大的地区(图 2.3b)。

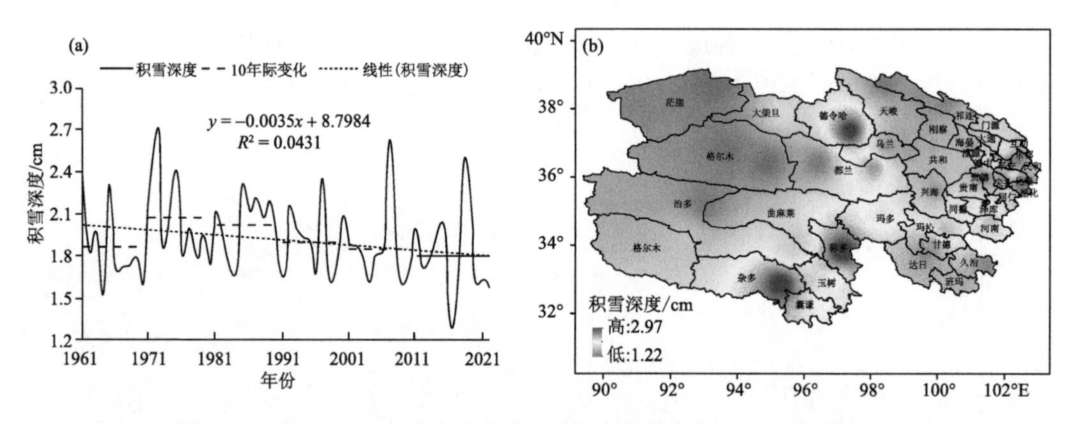

图 2.3　1961—2022 年青海省冬季积雪深度年际变化(a)及空间分布(b)

(3)雪灾次数呈微弱减少趋势

1961—2022 年青海省冬季年均发生雪灾 10 次，总体呈微弱减少趋势，21 世纪开始减幅尤为明显(图 2.4a)。相比雪灾总次数，重及特重度雪灾呈增加趋势，平均每年发生 2 次，21 世纪 10 年代后增加尤为明显，极端性加剧(图 2.4b)。

从空间分布来看，果洛大部、玉树东部、德令哈、野牛沟发生重及特重度雪灾次数较多，均超过 3 次，尤其杂多、称多重及特重度雪灾发生次数均在 10 次以上，称多发生次数最多(图 2.4c)。

2.1.3　干旱

以气象干旱综合指数(MCI)计算的干旱日数作为干旱灾害统计指标。1961—2022 年，青海省干旱日数年平均为 54.5 d，总体呈增加趋势，增加速率为 1.1 d/(10 a)，其中 2022 年的平均干旱日数最多，为 124 d；1967 年最少，为 12.9 d(图 2.5a)。

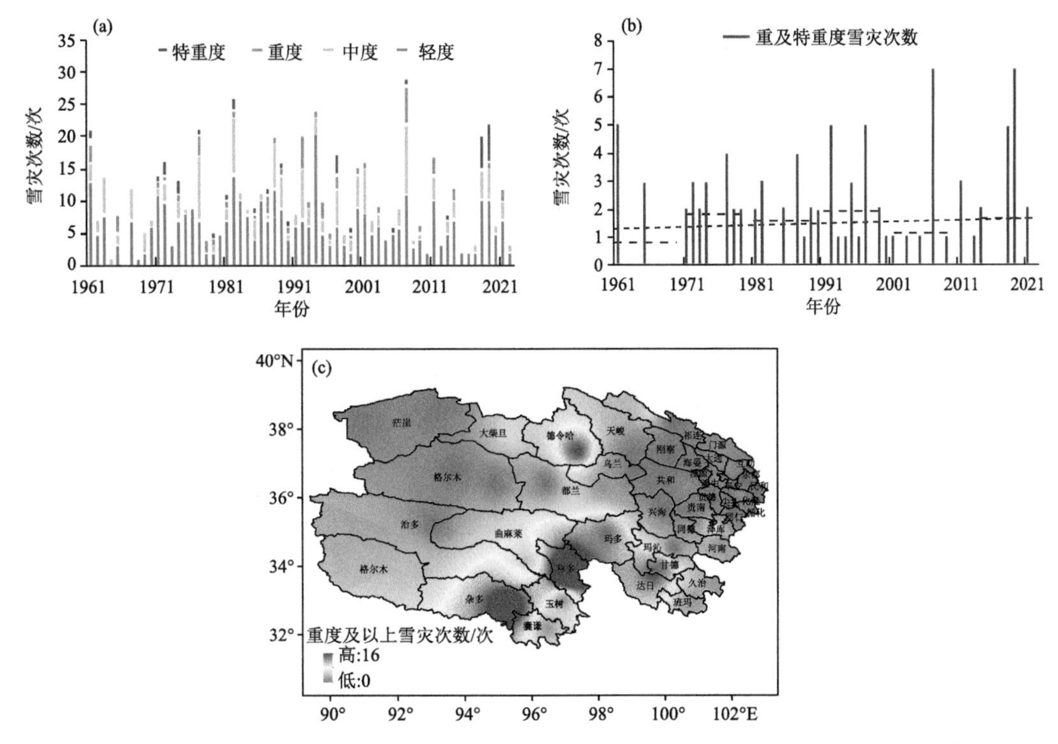

图 2.4 1961—2022 年青海省冬季雪灾总次数年际变化(a)、重及特重度雪灾次数年际变化(b)、重及特重度雪灾次数空间分布(c)

从空间分布来看,青海省各地平均干旱日数在 26～97 d,其中治多、久治、甘德、同仁、杂多、曲麻莱、河南、乌兰的平均干旱日数相对较多,均超过 70 d,乌兰最多,达 97 d,化隆最少,为 26 d(图 2.5b)。

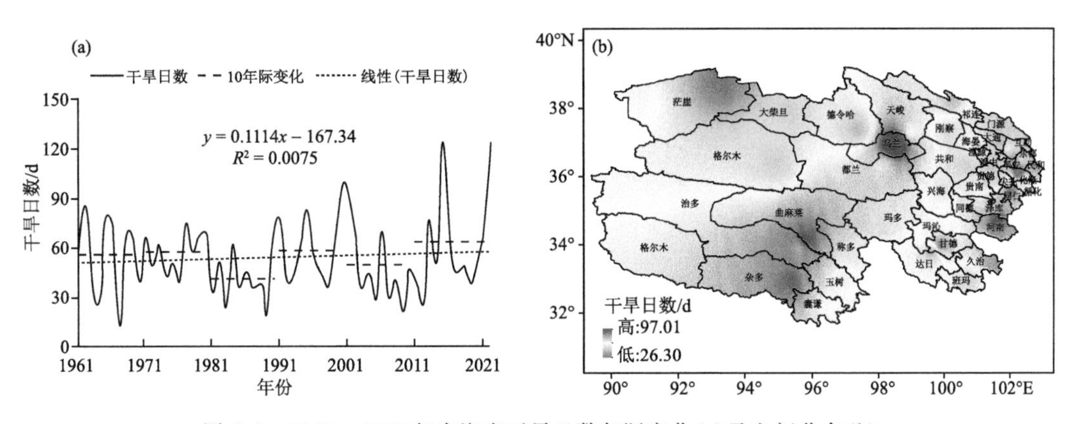

图 2.5 1961—2022 年青海省干旱日数年际变化(a)及空间分布(b)

2.1.4 冰雹

以冰雹日数作为冰雹灾害的统计指标。1961—2022 年,青海省冰雹日数年平均为 7 d,总体呈减少趋势,减少速率为 0.6 d/(10 a)。其中 2010 年平均冰雹日数最多,为 12 d;2019 最少，为 2 d(图 2.6a)。

从空间分布来看，青海省各地平均冰雹日数在 1～16 d，其中玉树、大柴旦、班玛、格尔木、久治、治多、曲麻莱、杂多、达日的平均冰雹日数相对较多，均超过 10 d，达日最多，达 16 d，平安最少，为 1 d(图 2.6b)。

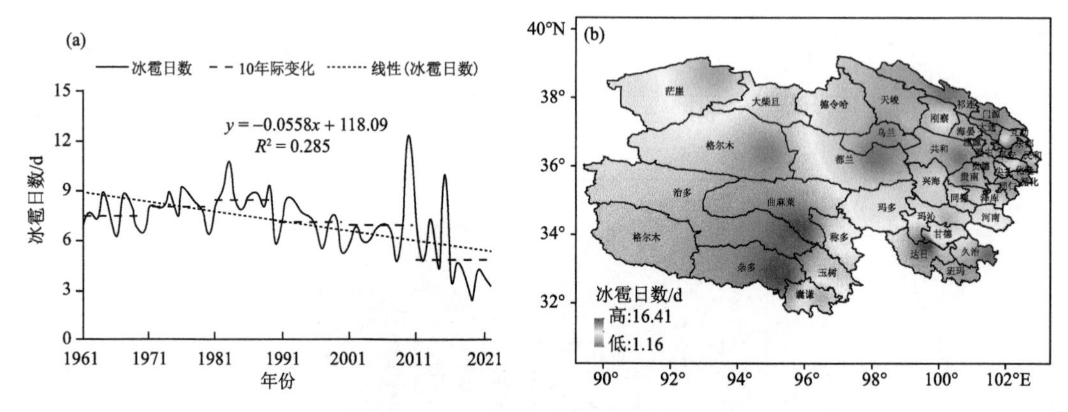

图 2.6　1961—2022 年青海省冰雹日数年际变化(a)及空间分布(b)

2.1.5　低温

以日最低气温＜0 ℃的日数作为低温灾害统计指标。1961—2022 年，低温日数年平均为 221 d，总体呈减少趋势，减少速率为 5.0 d/(10 a)，其中 1970 年平均低温日数最多，为 239 d；2022 年最少，为 200 d(图 2.7a)。

从空间分布来看，青海省各地平均低温日数在 141～414 d，其中达日、玛沁、治多、天峻、曲麻莱、甘德、泽库、玛多、称多和乌兰的平均低温日数相对较多，均超过 250 d，乌兰最多，达 414 d，循化最少，为 141 d(图 2.7b)。

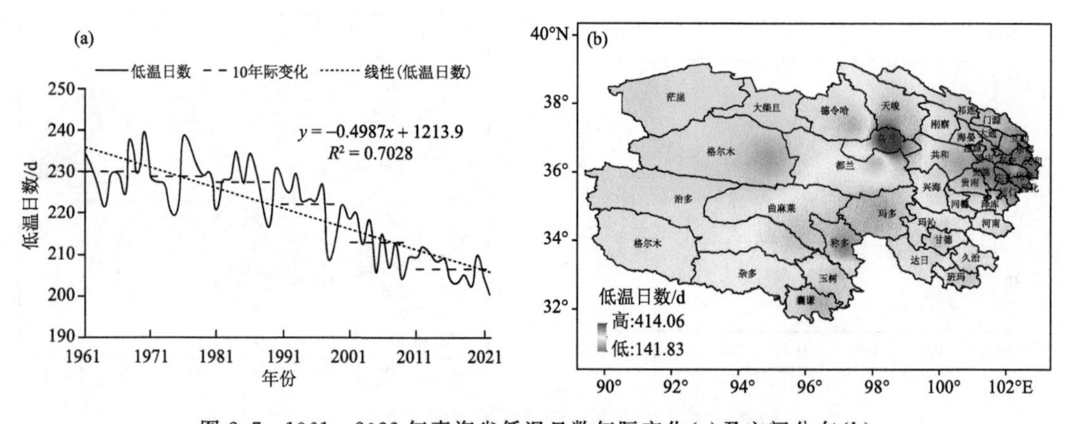

图 2.7　1961—2022 年青海省低温日数年际变化(a)及空间分布(b)

2.1.6　大风

以日最大风速≥10.8 m/s 的日数作为大风灾害统计指标。1961—2022 年，青海省大风日数年平均为 36.6 d，总体呈减少趋势，减少速率为 4.2 d/(10 a)，其中 1979 年平均大风日数最多，为 60.5 d；2020 年最少，为 19.7 d(图 2.8a)。

从空间分布来看，青海省各地平均大风日数在 2～81 d，甘德、天峻、玛多、玛沁、冷湖、称多、茫崖、乌兰、达日、曲麻莱的平均大风日数相对较多，均超过 50 d，曲麻莱最多，达 81 d，平安最少，为 2 d(图 2.8b)。

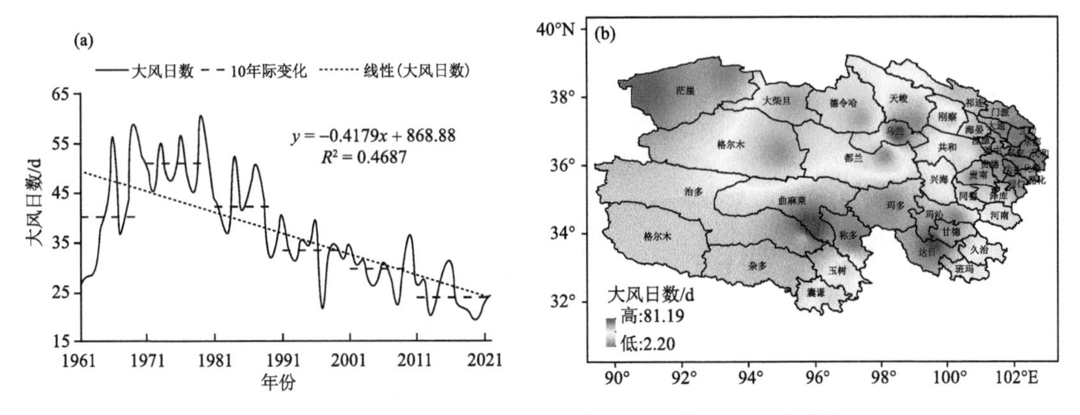

图 2.8　1961—2022 年青海省大风日数年际变化(a)及空间分布(b)

2.1.7　沙尘暴

以观测的沙尘暴日数作为沙尘暴灾害统计指标，1961—2022 年，青海省沙尘暴日数年平均为 10 d，总体呈减少趋势，减少速率为 2.1 d/(10 a)，其中 1979 年平均沙尘暴日数最多，为 24 d；2013 年最少，为 2 d，但从 2013 年开始沙尘暴日数又开始呈现出微弱的上升趋势(图 2.9a)。

从空间分布来看，青海省各地平均沙尘暴日数在 1～31 d，其中杂多、西宁、都兰、乌兰、刚察、茫崖、格尔木平均沙尘暴日数相对较多，均超过 15 d，格尔木最多，达 31 d，久治最少，年均 1 d(图 2.9b)。

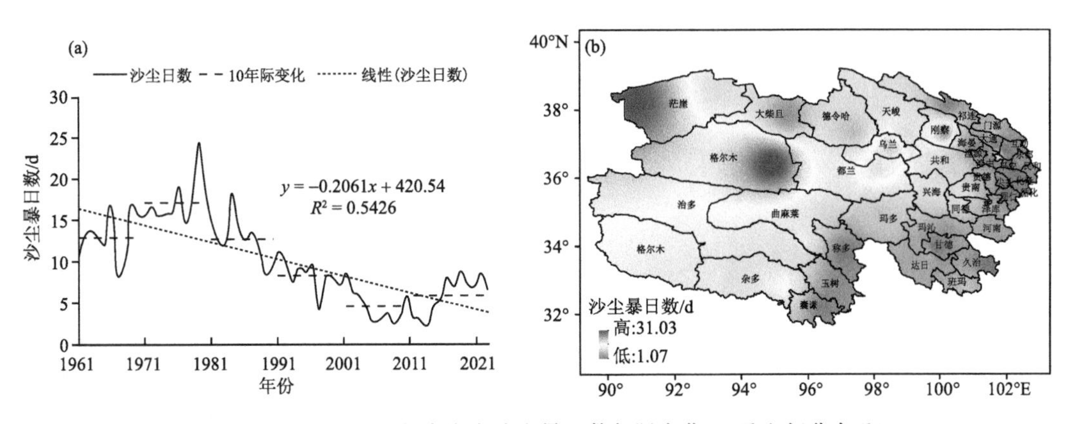

图 2.9　1961—2022 年青海省沙尘暴日数年际变化(a)及空间分布(b)

2.1.8　雷电

以雷暴日数和闪电日数作为雷电灾害统计指标，其中 1961—2013 年采用的是雷暴日数，由于2013年后人工雷暴观测业务取消，因此，2014—2022年采用闪电日数。其中青海省雷暴日数年平均为38 d(图2.10a)，闪电日数年平均为89 d(图2.10b)。

以2014—2022年的闪电日数平均值作为空间分析的统计指标，青海省各地平均闪电日数在2～74 d，其中玉树、大通、达日、曲麻莱、班玛、杂多、久治、囊谦平均闪电日数相对较多，均超过55 d，囊谦最多，达74 d，冷湖最少，年均2 d(图2.10c)。

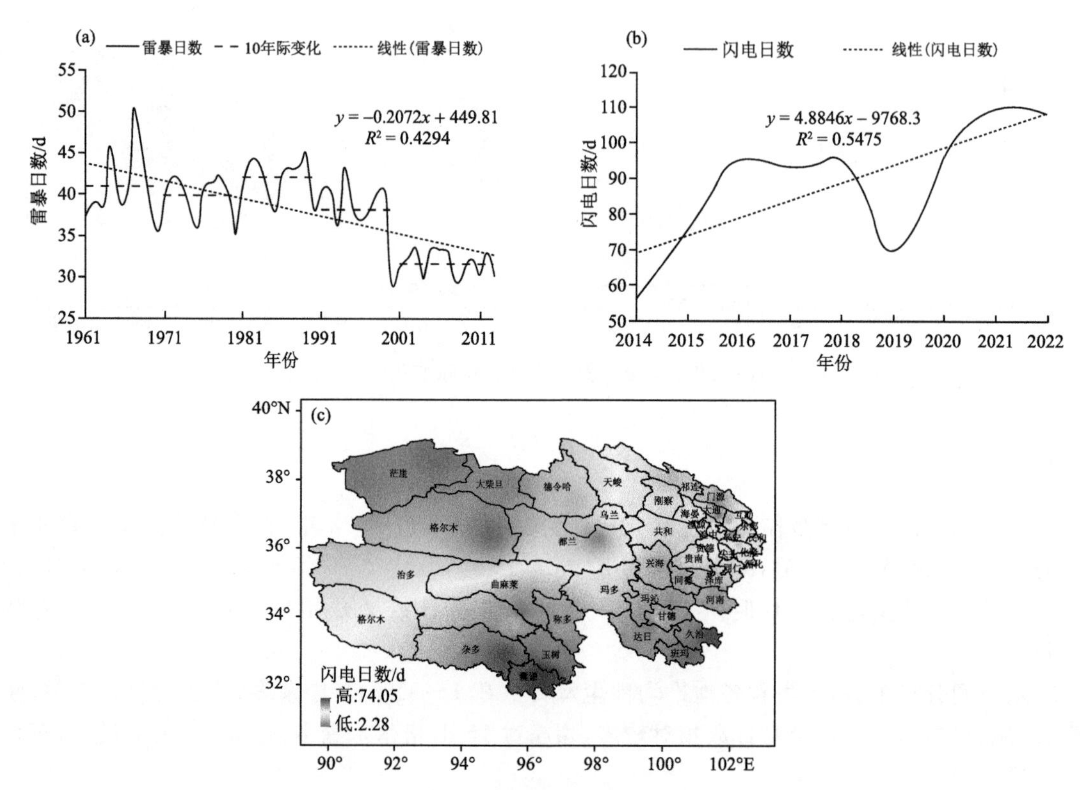

图2.10 1961—2013年青海省雷暴日数年际变化(a)、2014—2022年闪电日数年际变化(b)、2014—2022年闪电日数空间分布(c)

2.2 气象灾害灾情分布特征

2.2.1 暴雨灾害灾情次数

据不完全统计，1991—2022年，青海省暴雨灾害灾情次数总体呈增加趋势，增长速率为21.1次/(10 a)，21世纪后暴雨灾害发生次数显著增多。从多年平均来看，暴雨灾害灾情次数年平均为38.7次，2018年是暴雨灾害灾情次数最多年，共出现114次；1994年是暴雨灾害灾情次数最少年，仅出现1次(图2.11a)。

从空间分布来看，暴雨灾害灾情次数在0～155次，其中贵德发生次数最多，为155次；其次为兴海，为143次；大柴旦、玛多、门源无暴雨灾情记录(图2.11b)。

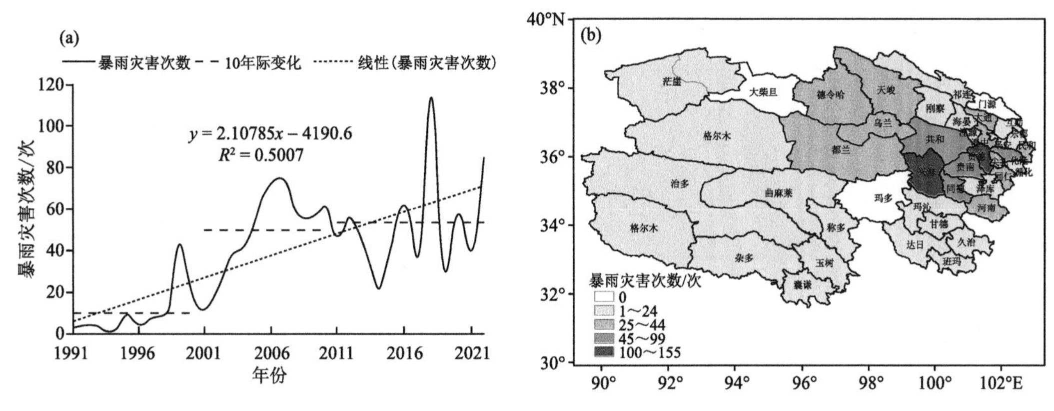

图 2.11　1991—2022 年青海省暴雨灾害灾情次数年际变化(a)及空间分布(b)

2.2.2　雪灾灾情次数

1991—2022 年，青海省雪灾灾情次数年平均为 6.8 次，总体以 0.2 次/(10 a)的速率呈微弱增加趋势，但进入 21 世纪 10 年代后逐渐减少，其中 2008 年是雪灾灾情次数最多年，为 25 次；2011 年和 2013 年无雪灾发生(图 2.12a)。

从空间分布来看，雪灾次数在 0～14 次，其中称多雪灾次数最多，为 14 次，其次是河南，13 次，大柴旦、玛多、门源、平安无雪灾灾情记录(图 2.12b)。

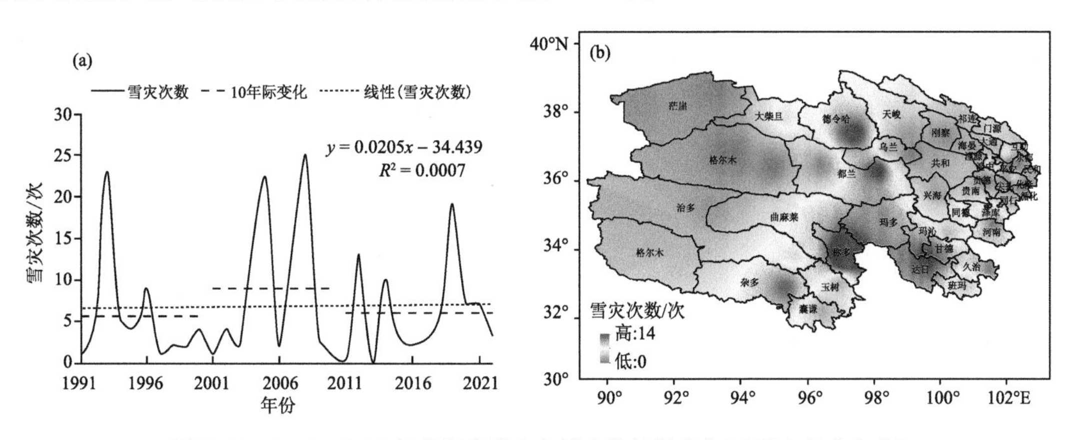

图 2.12　1991—2022 年青海省雪灾灾情次数年际变化(a)及空间分布(b)

2.2.3　干旱灾害灾情次数

1991—2022 年，青海省干旱灾害灾情次数年平均为 4.8 次，总体呈减少趋势，减少速率为 2.6 次/(10 a)，近 13 年减少尤为明显。其中 1991 年是干旱灾情发生次数最多的年份，为 17 次；2011 年、2014 年、2019 年、2020 年、2021 年无干旱灾情发生(图 2.13a)。

从空间分布来看，各站累计出现干旱灾情次数在 0～16 次，其中民和发生次数最多，为 16 次；其次是湟源、乐都，均为 13 次；班玛、称多、达日、大柴旦、贵南、久治、玛多、玛沁、门源、囊谦、天峻、杂多、治多无干旱灾情记录(图 2.13b)。

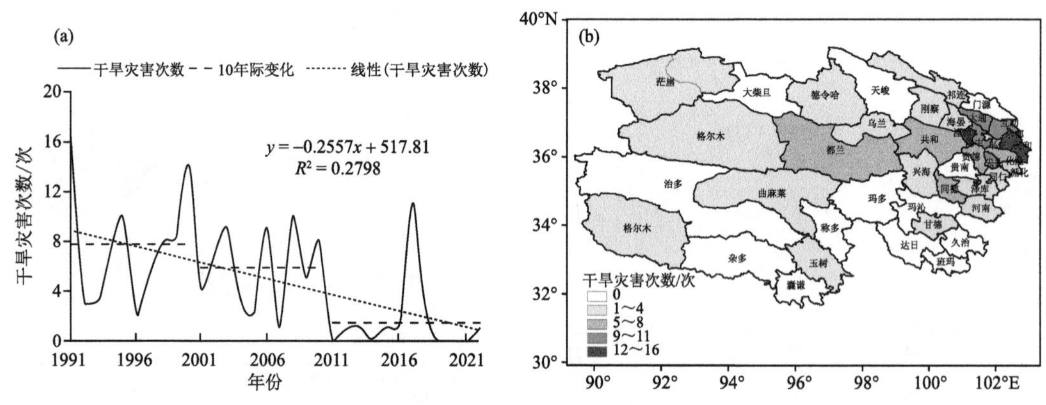

图 2.13　1991—2022 年青海省干旱灾害灾情次数年际变化(a)及空间分布(b)

2.2.4　冰雹灾害灾情次数

1991—2022 年，青海省冰雹灾害灾情次数年平均为 28.0 次，总体呈微弱增加趋势，增加速率为 1.0 次/(10 a)，20 世纪 90 年代的冰雹灾害灾情发生次数少，21 世纪初相对较多，21 世纪 10 年代后又开始减少。其中，2003 年是冰雹灾害灾情发生次数最多年，为 62 次；2018 年是冰雹灾害灾情发生最少年份，为 6 次(图 2.14a)。

从空间分布来看，冰雹灾情发生次数在 0～112 次，基本呈东多西少的分布，其中湟中发生次数最多，为 112 次；其次是大通，为 81 次；再次是化隆，为 70 次，大柴旦、德令哈、格尔木、曲麻莱、玛多、门源、治多无冰雹灾害灾情记录(图 2.14b)。

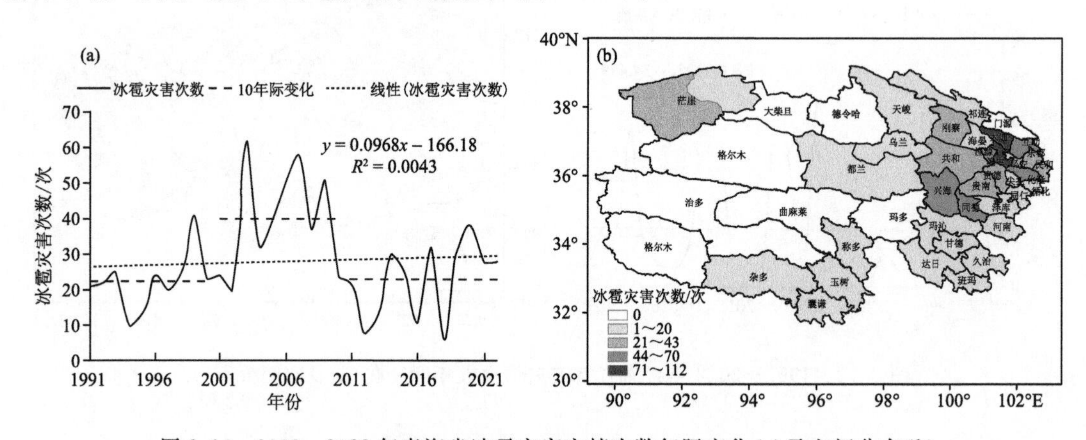

图 2.14　1991—2022 年青海省冰雹灾害灾情次数年际变化(a)及空间分布(b)

2.2.5　低温灾害灾情次数

1991—2022 年，青海省低温灾害灾情次数年平均为 3.9 次，总体呈减少趋势，减少速率为 0.6 次/(10 a)，其中 2004 年是低温灾害灾情发生次数最多年，为 19 次；1994 年、2000 年、2002 年、2011 年、2017—2019 年无低温灾害灾情记录(图 2.15a)。

从空间分布来看，低温灾害灾情次数在 0～14 次，其中德令哈发生次数最多，为 14 次；其次是大通，为 11 次；再次是都兰，为 10 次，班玛、达日、大柴旦、甘德、河南、久治、玛多、冷湖、玛沁、门源、祁连、曲麻莱、天峻、同德、杂多、泽库、治多无低温灾害灾情记录(图 2.15b)。

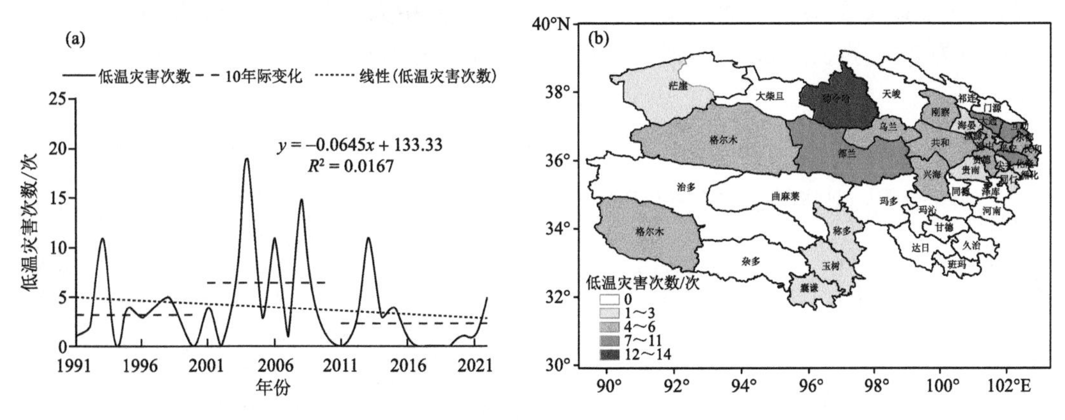

图 2.15　1991—2022 年青海省低温灾害灾情次数年际变化(a)及空间分布(b)

2.2.6　大风灾害灾情次数

1991—2022 年,青海省大风灾害灾情次数年平均为 5.1 次,总体呈增加趋势,增加速率为 5.0 次/(10 a),进入 21 世纪 10 年代为大风灾害灾情次数最多的时段,其中 2022 年是大风灾害灾情发生次数最多年份,为 43 次;1993 年、1994 年、1995 年、2001 年、2002 年、2013 年无大风灾害灾情记录(图 2.16a)。

从空间分布来看,大风灾害灾情次数在 0～38 次,其中冷湖发生次数最多,为 38 次;其次是甘德,为 23 次;再次是兴海,为 20 次,班玛、大柴旦、玛多、门源、曲麻莱、杂多、囊谦、茫崖、湟中、民和、化隆无大风灾害灾情记录(图 2.16b)。

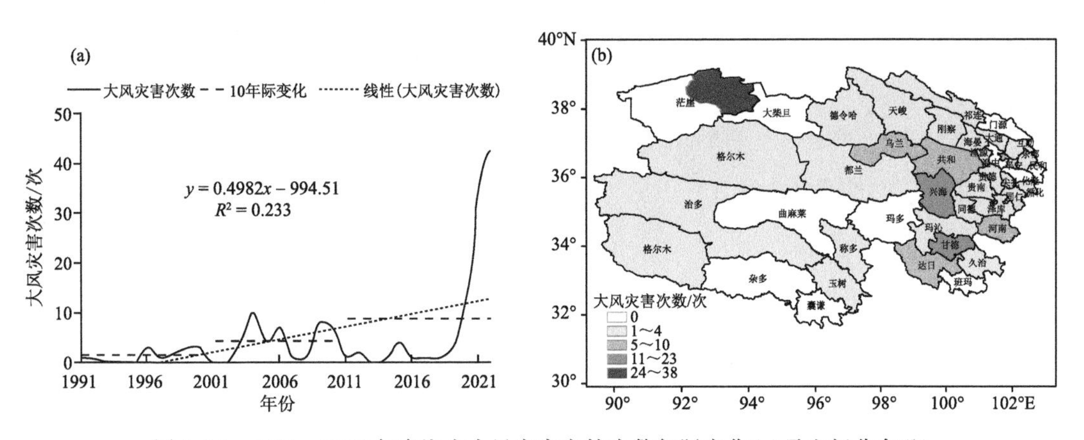

图 2.16　1991—2022 年青海省大风灾害灾情次数年际变化(a)及空间分布(b)

2.2.7　沙尘灾害灾情次数

沙尘灾害灾情记录从 2001 年开始。2001—2022 年,青海省沙尘灾害灾情次数年平均为 1.0 次,总体呈减少趋势,减少速率为 2.6 次/(10 a),2002 年是沙尘灾害灾情发生次数最多年,为 9 次;1991—2000 年、2007 年、2011 年、2013 年、2014 年、2016—2022 年无沙尘灾害灾情记录(图 2.17a)。

从空间分布来看,沙尘灾害灾情次数在 0～23 次,其中兴海发生次数最多,为 23 次;其次是德令哈,为 3 次;再次是格尔木、河南,均为 2 次,都兰出现 1 次,其余地区无沙尘灾害灾情记录(图 2.17b)。

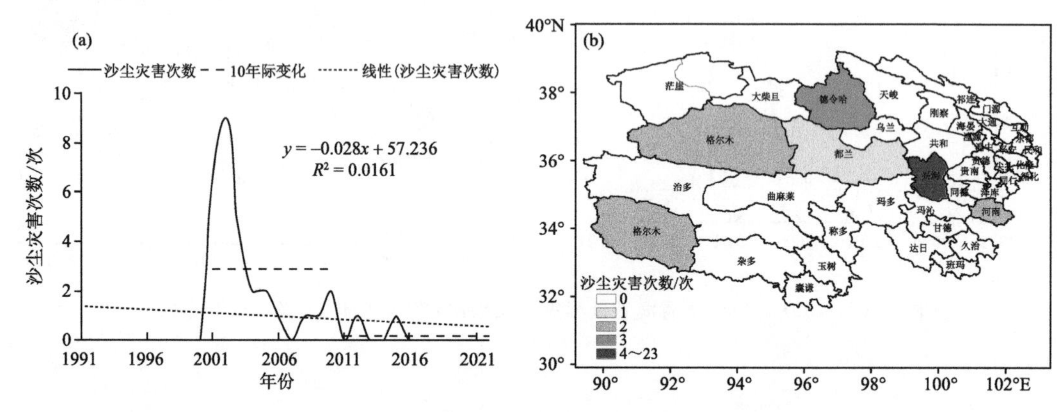

图 2.17　2001—2022 年青海省沙尘灾害灾情次数年际变化(a)及空间分布(b)

2.2.8　雷电灾害灾情次数

1991—2022 年,青海省雷电灾害灾情次数年平均为 7 次,总体呈增加趋势,增加速率为 2.8 次/(10 a),其中 2003—2010 年是雷电灾情高发时段,2022 年是雷电灾害灾情发生次数最多的年份,为 27 次;1992—1994 年、1997 年、1998 年、2012 年无雷电灾害灾情记录(图 2.18a)。

从空间分布来看,雷电灾害灾情次数在 0～16 次,其中大通发生次数最多,为 16 次;其次是河南,为 13 次;再次是湟源、囊谦,均为 11 次,大柴旦、玛多、门源、贵南、乌兰均无雷电灾害灾情记录(图 2.18b)。

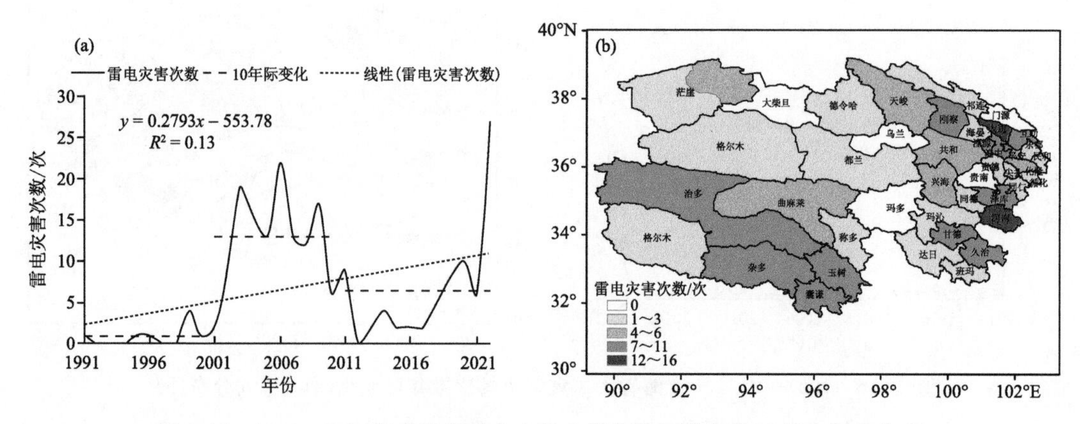

图 2.18　1991—2022 年青海省雷电灾害灾情次数年际变化(a)及空间分布(b)

第 3 章 青藏高原东北部降水引发的气象灾害影响特征

3.1 降水引发的气象灾害分布特征

1984—2022 年，青藏高原东北部降水引发的气象灾害发生站次呈上升趋势，平均每 10 年增加 19.56 站次，2000 年以来增加明显，年均发生 83.6 站次，较 1984—1999 年偏多 51.8 站次，其中 21 世纪 00 年代为高发期，2006 年为历史最多(155 站次)，21 世纪 10 年代略有下降，2018 年降水引发的气象灾害达 108 站次，为 21 世纪 10 年代最多(图 3.1a)。

从空间分布来看，1984—2022 年，各地降水引发的气象灾害累计发生次数在 35～256 次，其中同德、贵南、化隆、湟中、贵德、兴海为高发区，累计发生次数超过 150 次，兴海最多达 256 次(图 3.1b)。

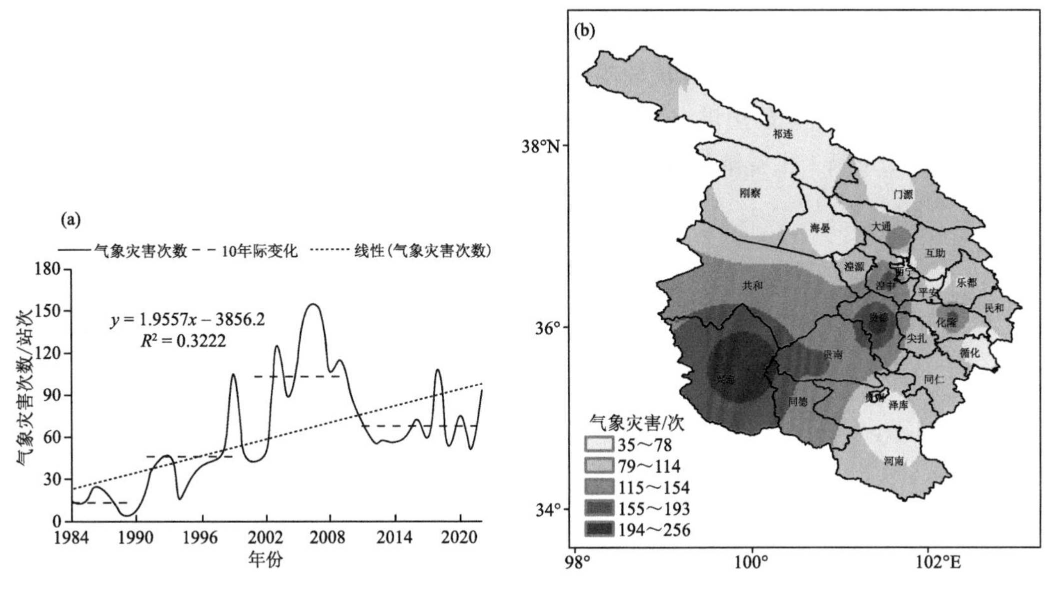

图 3.1 1984—2022 年青藏高原东北部降水引发的气象灾害发生总站次变化趋势(a)及空间分布(b)

图 3.2 显示了 1984—2022 年青藏高原东北部降水引发的不同类型气象灾害发生次数、直接经济损失、伤亡人数影响的累计比例分布。从发生频次来看，在 2379 次降水引发的气象灾害事件中，暴雨洪涝、冰雹灾害发生频次分别占总次数的 47%、40%，地质灾害、雷电灾害各占总次数的 6%、7%(图 3.2a)。从直接经济损失来看，暴雨洪涝灾害的经济损失最大，占 55%，其次是冰

雹灾害，占 44%，地质灾害仅占 1%，雷电灾害最小(图 3.2b)。从伤亡人数来看，暴雨洪涝灾害依然最高，占 66%，雷电灾害、冰雹灾害次之，分别占 13%、12%，地质灾害最小(图 3.2c)。

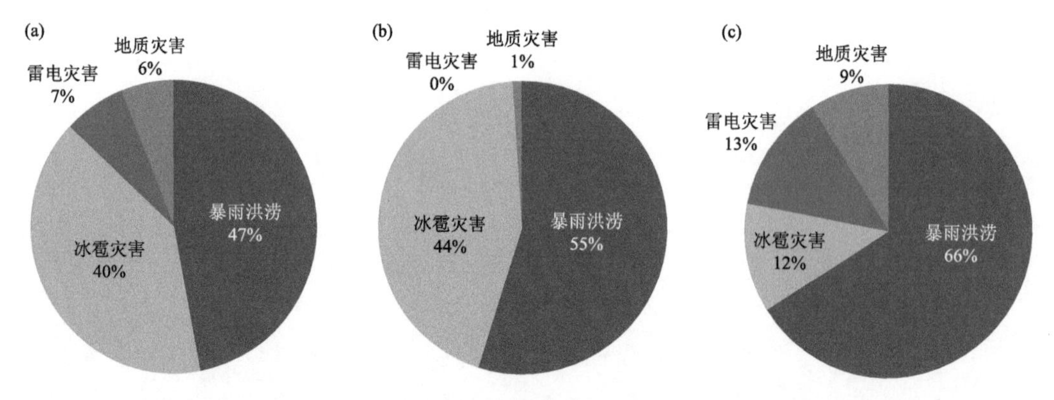

图 3.2　1984—2022 年青藏高原东北部降水引发的气象灾害影响的类型分布
(a. 发生频次，b. 直接经济损失，c. 伤亡和失踪人数)

3.2　暴雨洪涝影响

3.2.1　频次时空分布

1984—2022 年，青藏高原东北部暴雨洪涝发生站次呈上升趋势，平均每 10 年增加 14.0 站次，2018 年为历史最多(97 站次)，2000 年以来，暴雨洪涝年均发生 42.04 站次，其中 2001 年、2002 年、2014 年暴雨洪涝出现次数不足 20 站次，其余年份均超过 20 站次(图 3.3a)。

1984—2022 年，各地暴雨洪涝累计发生次数在 14～162 次，其中同仁、化隆、共和、同德、贵南、兴海、贵德最易发生暴雨洪涝灾害，累计发生次数超过 50 次，兴海、贵德为暴雨洪涝发生

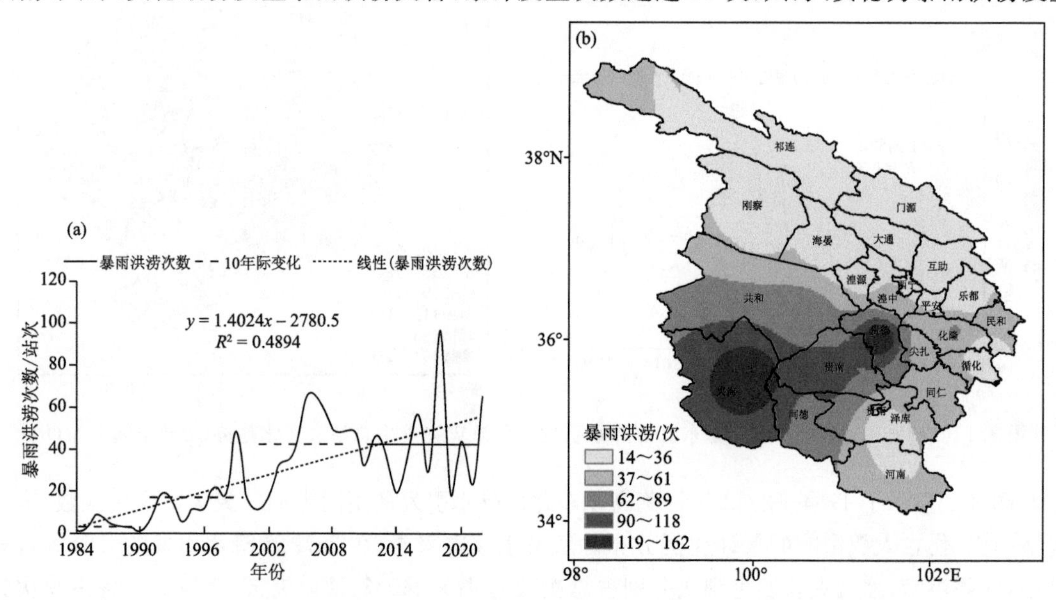

图 3.3　1984—2022 年青藏高原东北部暴雨洪涝发生站次变化趋势(a)及空间分布(b)

最多的地区，分别为161次、162次(图3.3b)。

3.2.2　承灾体分布

1984—2022以来，受暴雨洪涝灾害影响，青藏高原东北部人口、房屋、农业、畜牧业、交通、水利、工业、林业、渔业、电力、通信、基础设施、商业均遭受过不同程度的损失，暴雨洪涝也造成大部分地区出现人员伤亡与失踪事件，对大部分地区而言，人口、房屋、农业、水利设施最易受暴雨洪涝影响(图3.4)。

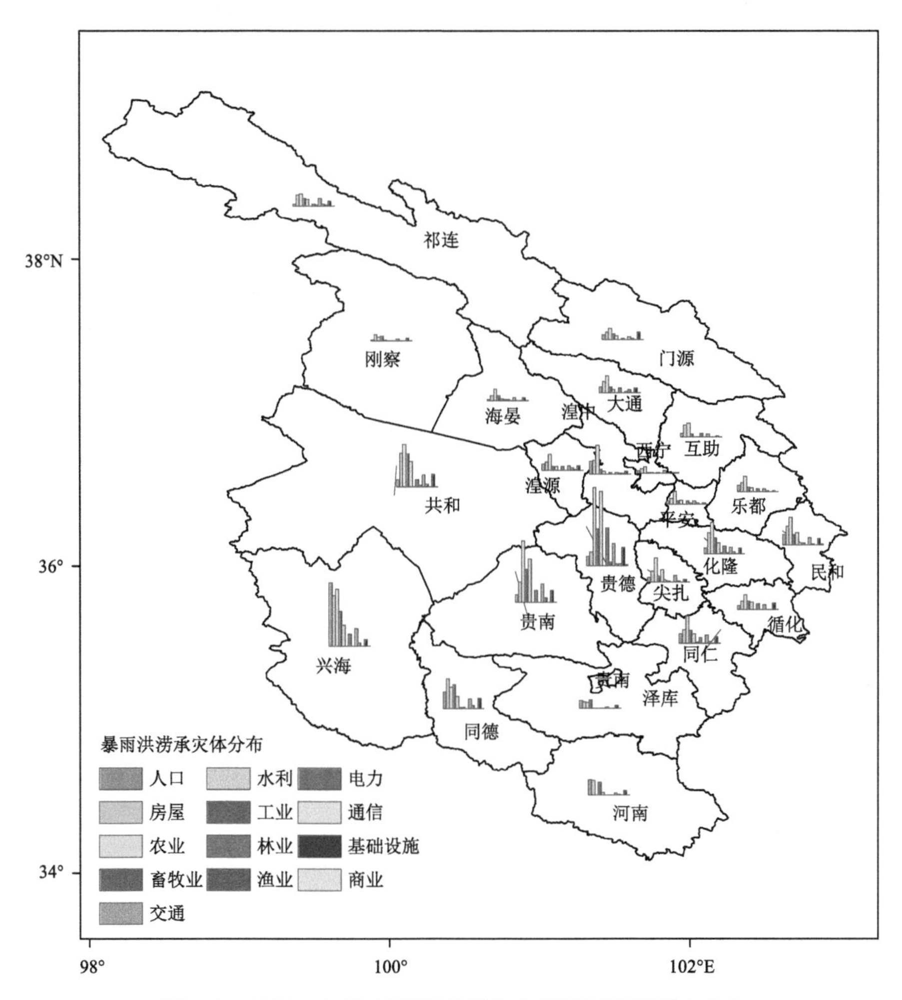

图3.4　1984—2022年青藏高原东北部暴雨洪涝影响分布

图3.5和表3.1给出了近39年来青藏高原东北部农业、畜牧业、水利、工业、林业、渔业、交通、电力、通信、房屋、基础设施、商业、人口灾损次数。近39年来，暴雨洪涝造成人员伤亡及失踪次数以兴海最大，同德、河南次之；兴海房屋最易倒损，共和、同德次之；贵德农业、畜牧业、水利、林业、交通、基础设施最易受暴雨洪涝灾害的影响，贵南次之；在电力行业，大通、湟源、同德、共和、兴海、贵南相对于其余地区，更易受暴雨洪涝灾害的影响；另外，贵德、湟源、祁连、湟中的通信业；同德、同仁、化隆、海晏的工业以及贵德、民和、西宁的商业也有受暴雨洪涝灾害影响的可能。

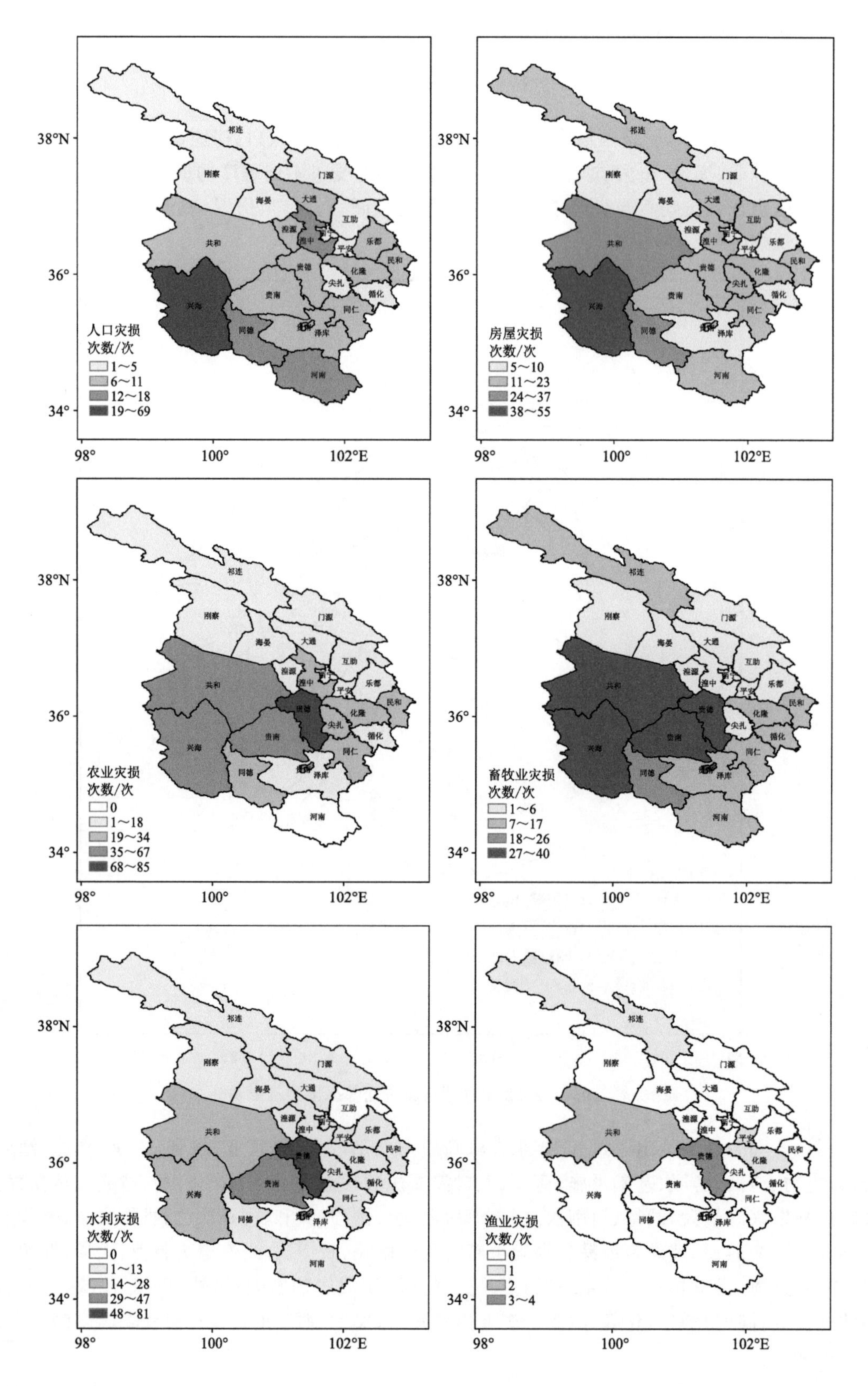

38°N
36°
34°
98°
100°
102°E
祁连
刚察
门源
海晏
大通
互助
湟源
湟中
平安
乐都
民和
共和
贵德
化隆
尖扎
循化
兴海
贵南
同仁
同德
泽库
河南
人口灾损
次数/次
1～5
6～11
12～18
19～69
房屋灾损
次数/次
5～10
11～23
24～37
38～55
农业灾损
次数/次
0
1～18
19～34
35～67
68～85
畜牧业灾损
次数/次
1～6
7～17
18～26
27～40
水利灾损
次数/次
0
1～13
14～28
29～47
48～81
渔业灾损
次数/次
0
1
2
3～4

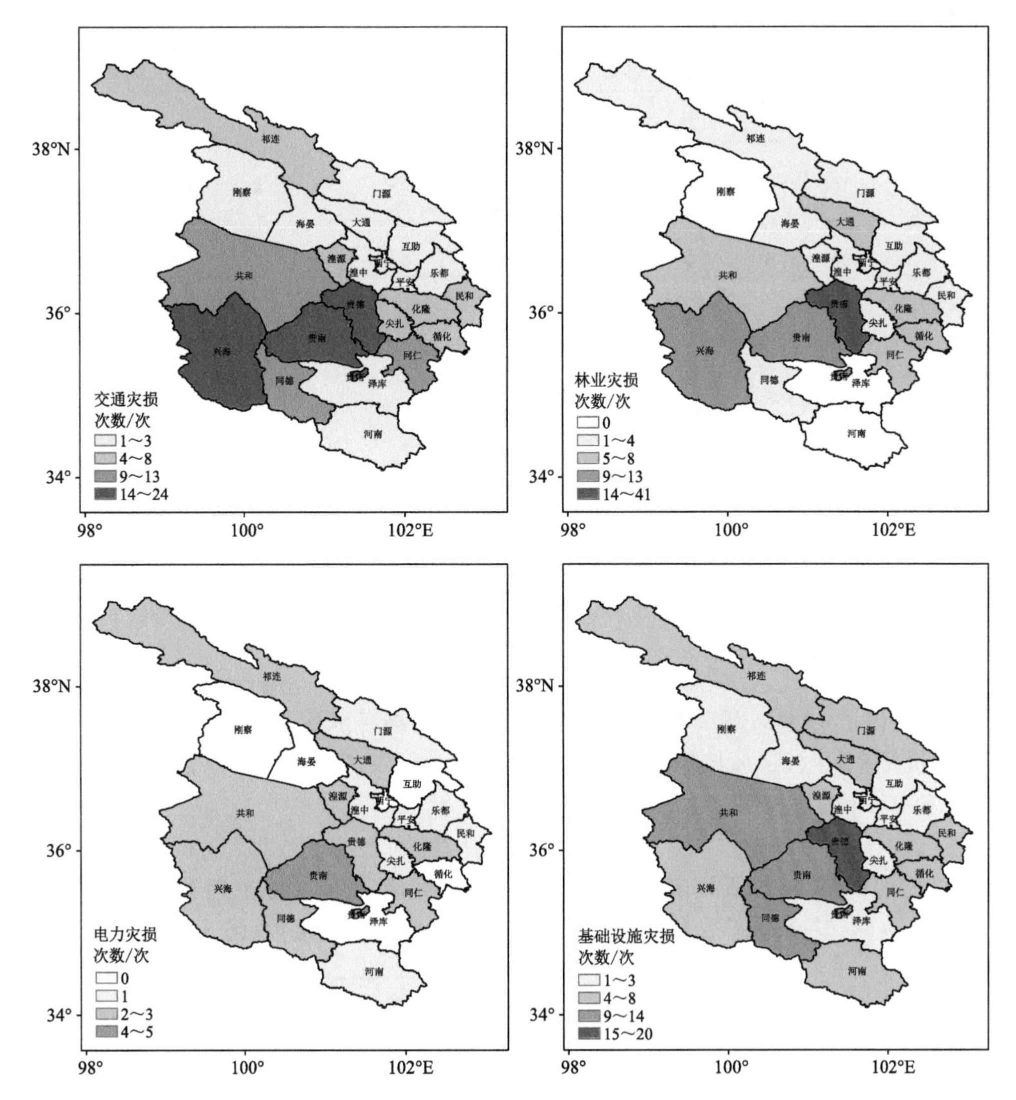

图 3.5　1984—2022 年青藏高原东北部暴雨洪涝各承灾体易损空间分布

表 3.1　1984—2022 年青藏高原东北部暴雨洪涝承灾体灾损次数　　单位:次

站名	人口	房屋	农业	畜牧业	水利	工业	林业	渔业	交通	电力	通信	基础设施	商业
大通	6	12	18	6	3	0	5	0	1	3	0	5	0
刚察	1	7	4	5	1	0	0	0	2	0	0	3	0
共和	8	37	46	36	28	0	8	2	13	3	0	14	0
贵德	10	15	85	40	81	0	41	4	24	2	2	20	1
贵南	8	22	67	36	47	0	13	0	20	5	0	13	0
海晏	1	5	12	5	2	1	1	0	3	0	0	3	0
河南	17	16	0	14	3	0	0	0	2	1	0	5	0
互助	4	13	15	3	0	0	4	0	3	0	0	1	0
化隆	6	23	34	17	12	1	8	1	7	2	0	6	0
湟源	7	9	17	4	4	0	4	0	5	3	1	5	0

续表

站名	人口	房屋	农业	畜牧业	水利	工业	林业	渔业	交通	电力	通信	基础设施	商业
湟中	14	15	31	5	3	0	2	0	2	1	1	3	0
尖扎	5	12	26	4	13	0	1	0	7	1	0	3	0
乐都	7	10	17	5	4	0	3	0	3	1	0	1	0
门源	5	8	12	6	4	0	1	0	3	1	0	8	0
民和	11	20	30	11	13	0	2	0	8	1	0	7	1
平安	3	6	14	3	4	0	3	1	3	1	0	1	0
祁连	2	12	13	8	7	0	2	1	8	2	1	5	0
同德	18	32	23	26	13	1	1	0	10	3	0	11	0
同仁	10	15	30	14	10	1	6	0	9	2	0	7	0
西宁	3	5	7	1	1	0	1	0	3	0	0	1	1
兴海	69	55	62	38	23	0	13	0	19	3	0	7	0
循化	4	9	16	9	8	0	6	0	5	0	0	7	0
泽库	8	7	6	9	0	0	0	0	1	0	0	3	0

3.2.3 主要灾损情况

图 3.6 给出了 1984—2022 年青藏高原东北部暴雨洪涝造成的房屋倒损情况，21 世纪 10 年代和 20 世纪 90 年代房屋倒损最多，其中 2018 年暴雨洪涝造成的房屋倒损达 13582 间，为历史第一多，1993 为历史第二多(图 3.6a)。

从各地近 39 年来造成的房屋倒损间数来看，民和最多，达 15730 间，其次是乐都，达 10243 间，共和、海晏、湟源累计倒损 5000～10000 间，兴海、贵南、大通、互助、同仁、门源、湟中在 1000～3000 间，其余地区在 1000 间以下，其中刚察房屋倒损最少(图 3.6b)。

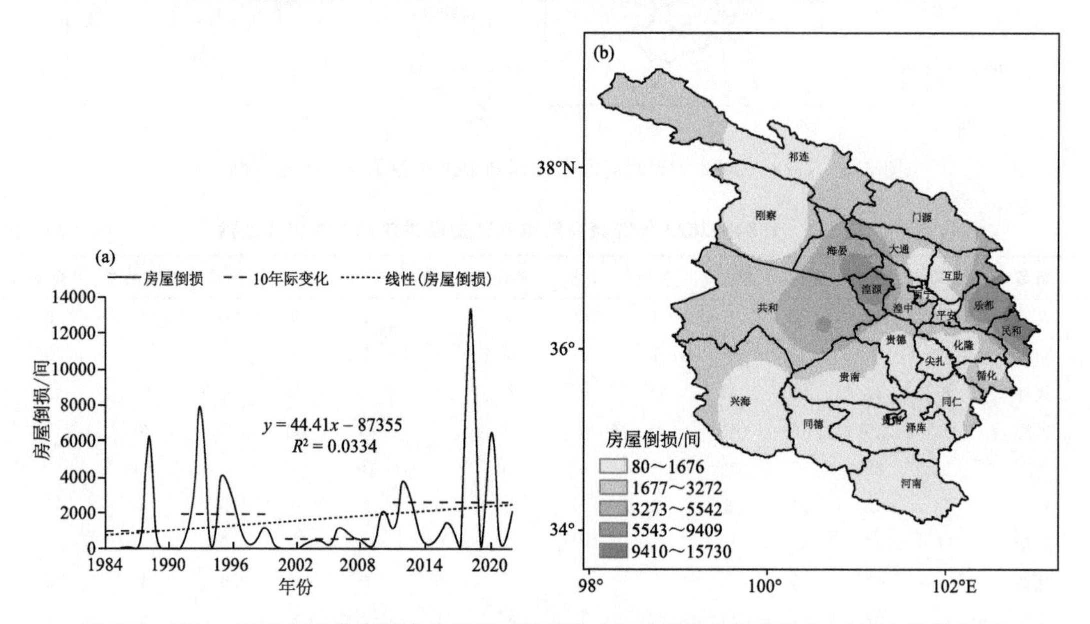

图 3.6 1984—2022 年青藏高原东北部暴雨洪涝造成的房屋倒损间数变化(a)及空间分布(b)

1984—2022 年青藏高原东北部暴雨洪涝造成的伤亡人数以 1993 年最重，共和水库垮塌造成 288 人失踪；1984—2022 年暴雨洪涝造成的伤亡人数呈减少趋势，其中 2022 年为 1994 年以来最重(56 人)，1999 年和 1988 年分别为历史第三多和第四多(图 3.7a)。

从各地近 39 年来暴雨洪涝累计造成的伤亡人数来看，共和受 1993 年水库垮塌影响，受灾人数最多；湟源、民和、海晏、大通，分别为 43 人、47 人、52 人、59 人，循化、门源、湟中、化隆、乐都、同仁、兴海、贵南、泽库在 10～40 人，其余地区均在 10 人以下(图 3.7b)。

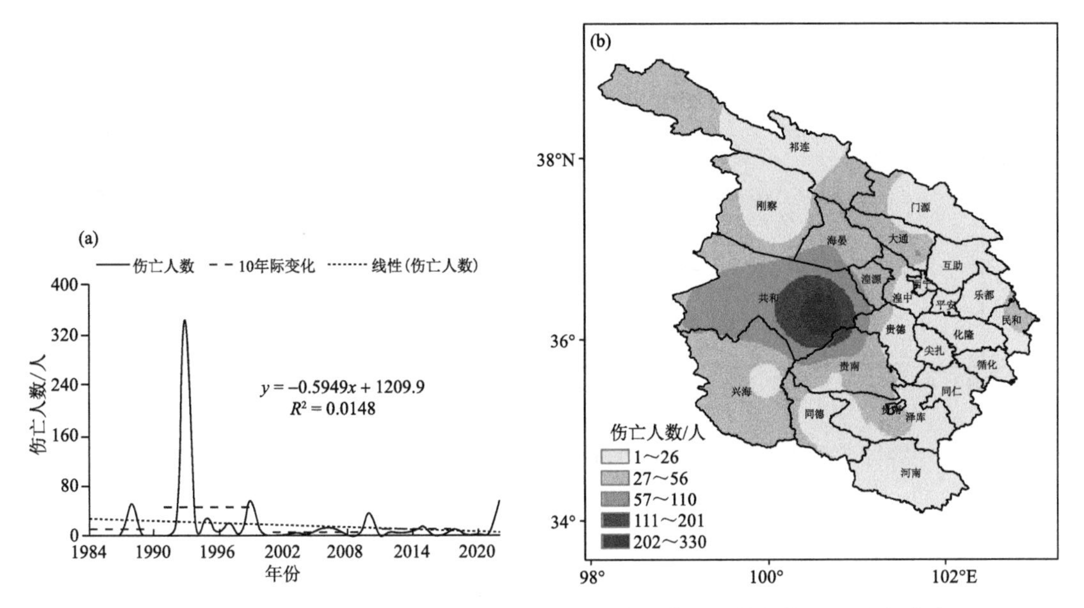

图 3.7　1984—2022 年青藏高原东北部暴雨洪涝造成的伤亡人数变化(a)及空间分布(b)

1984—2022 年青藏高原东北部暴雨洪涝累计造成的直接经济损失呈上升趋势，平均每 10 年增加 1.18 亿元，2010 年以来增加明显，年平均 3.35 亿元，2018 年最严重，达 25.39 亿元，2010 年和 2022 年为历史第二多和第三多，分别为 3.25 亿元和 3.14 亿元，20 世纪 90 年代暴雨洪涝累计造成的直接经济损失基本在 2 亿元以下(图 3.8a)。

从各地近 39 年来累计造成的直接经济损失来看，乐都、循化最多，分别为 10.6 亿元、9.19 亿元；民和次之，为 8.25 亿元；湟源为 4.06 亿元；兴海、湟中、祁连、门源、互助、贵德、贵南、共和在 1 亿～3.5 亿元，其余地区均在 1 亿元以下(图 3.8b)。

3.3　冰雹灾害影响

3.3.1　频次时空分布

1984—2022 年，青藏高原东北部冰雹灾害发生站次呈增加趋势，平均每 10 年增加 3.9 站次，21 世纪 00 年代为冰雹高发期，其中 2003 年青藏高原东北部冰雹灾害出现 63 站次，为历史最多，2007 年和 2006 年分别为历史第二多和第三多(图 3.9a)。

1984—2022 年，各地冰雹灾害累计发生次数在 8～116 次，其中化隆、大通、湟中最易发生冰雹灾害，累计发生次数超过 70 次，湟中为冰雹灾害发生最多的地区，达 116 站次（图 3.9b）。

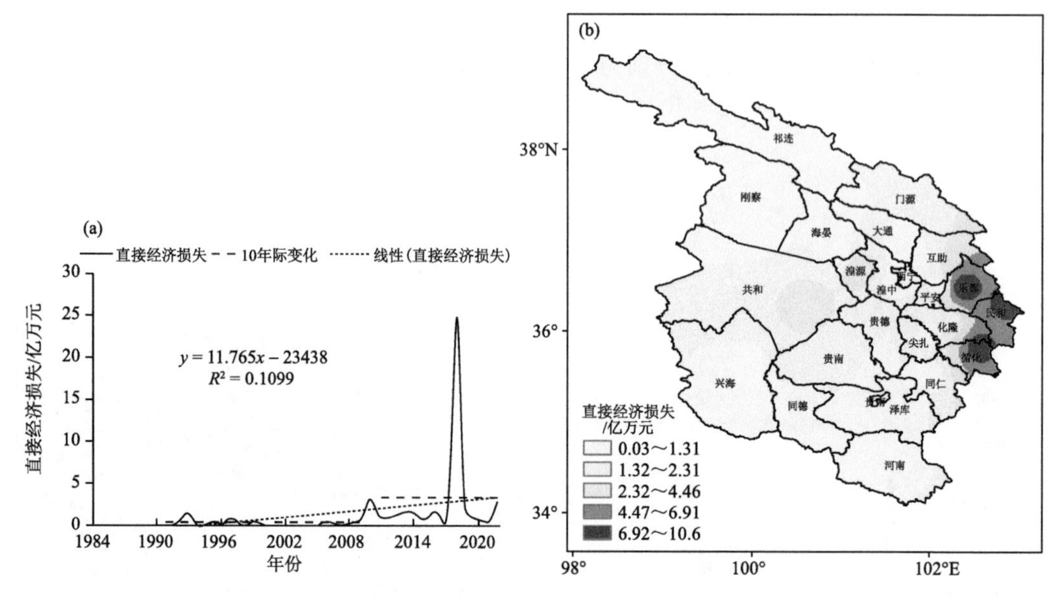

图 3.8　1984—2022 年青藏高原东北部暴雨洪涝造成的直接经济损失变化(a)及空间分布(b)

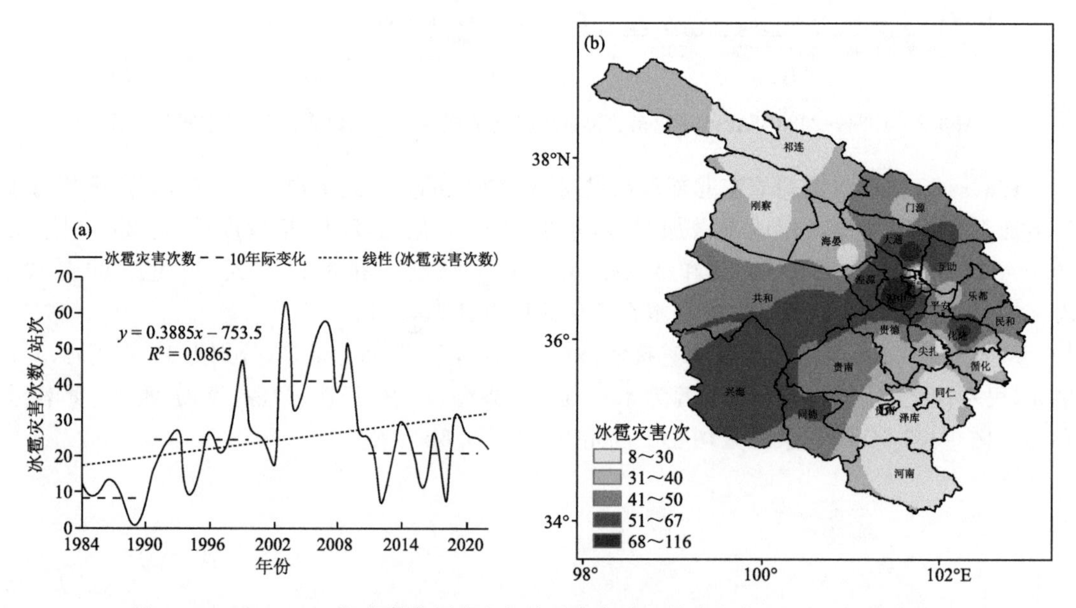

图 3.9　1984—2022 年青藏高原东北部冰雹灾害发生站次变化(a)及空间分布(b)

3.3.2　承灾体分布

近 37 年来，青藏高原东北部农业最易受冰雹灾害影响，另外，部分地区人员、牲畜被冰雹砸伤，畜棚、房屋玻璃被击碎，道路、渠道淤积等（图 3.10）。

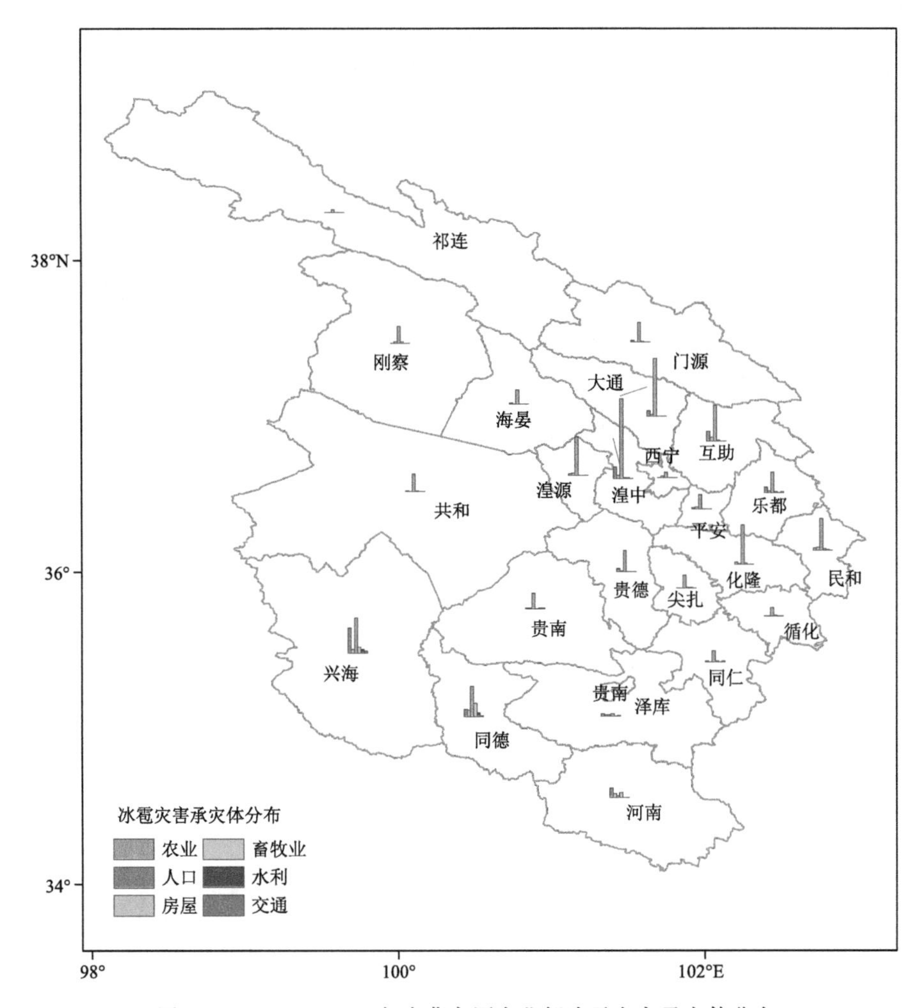

图 3.10　1984—2020 年青藏高原东北部冰雹灾害承灾体分布

图 3.11 给出了近 39 年来青藏高原东北部人口、房屋、农业、畜牧业、水利、交通灾损次数。近 39 年来，大通、湟中农业最易受冰雹灾害的影响，兴海、化隆、湟源、互助、民和次之；河南、互助、湟中、兴海均发生过人员被砸伤事件；同仁、贵南、泽库、乐都、同德、兴海道路出现淤积；贵南、湟中、尖扎、民和水渠出现淤积，水利设施受损；化隆、刚察、民和、泽库、河南、兴海、同德亦出现过牲畜被冰雹砸伤砸死现象；湟中、民和、互助、河南、兴海、同德房屋亦出现损毁。

3.3.3　主要灾损情况

图 3.12 给出了 1984—2022 年青藏高原东北部冰雹灾害造成的房屋倒损情况，20 世纪 90 年代和 21 世纪 00 年代房屋倒损最多，其中 2009 年冰雹灾害造成的房屋倒损达 2906 间，为历史第一多，1992 为历史第二多(图 3.12a)。

从各地近 39 年来造成的房屋倒损间数来看，泽库最多，达 2151 间，其次是湟中，达 1907 间，平安、共和累计倒损 750～1800 间，同德、民和、刚察、湟源、祁连、乐都、互助在 200～450 间，其余地区在 200 间以下，其中海晏房屋倒损最少(图 3.12b)。

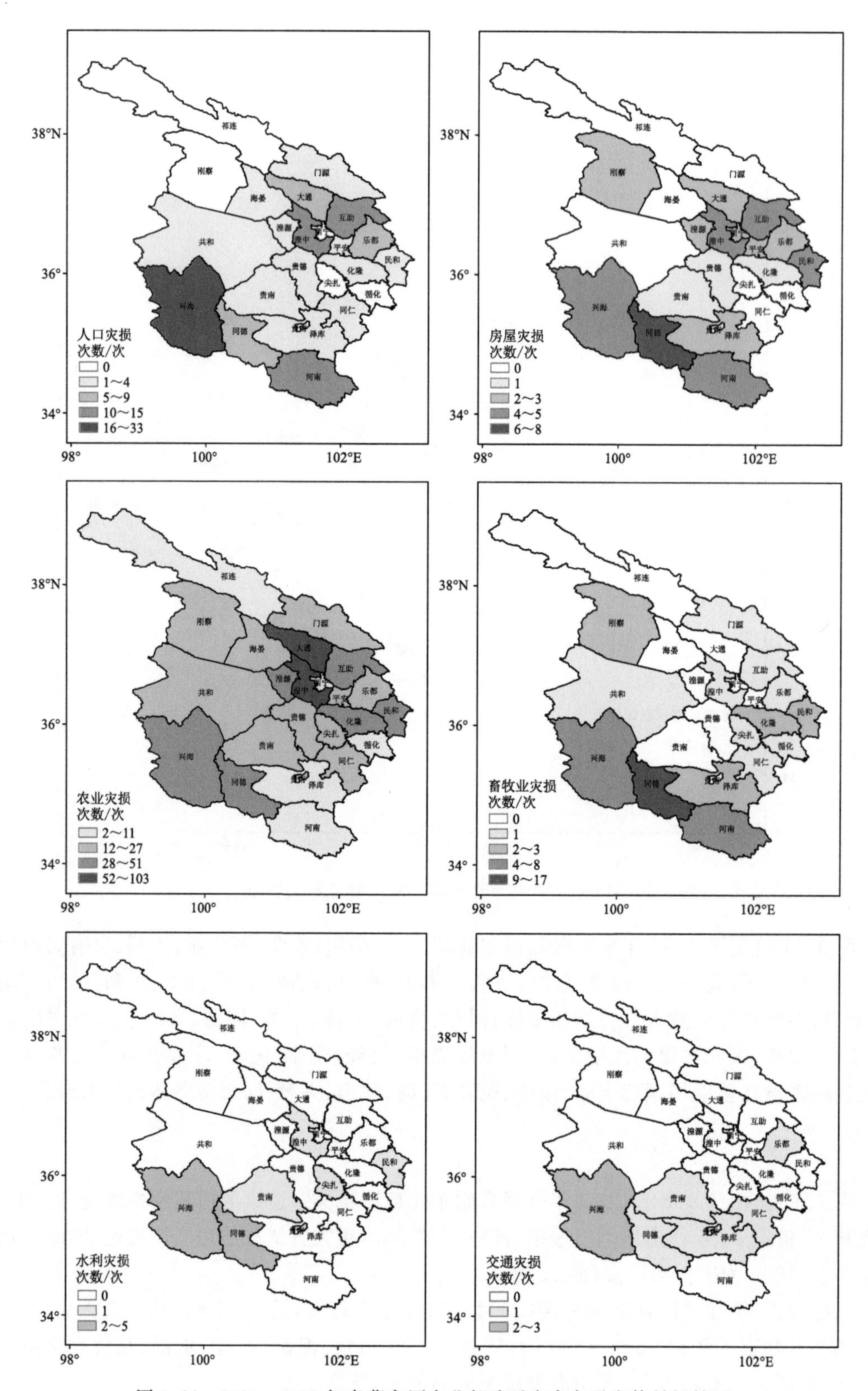

图 3.11　1984—2022 年青藏高原东北部冰雹灾害各承灾体易损情况

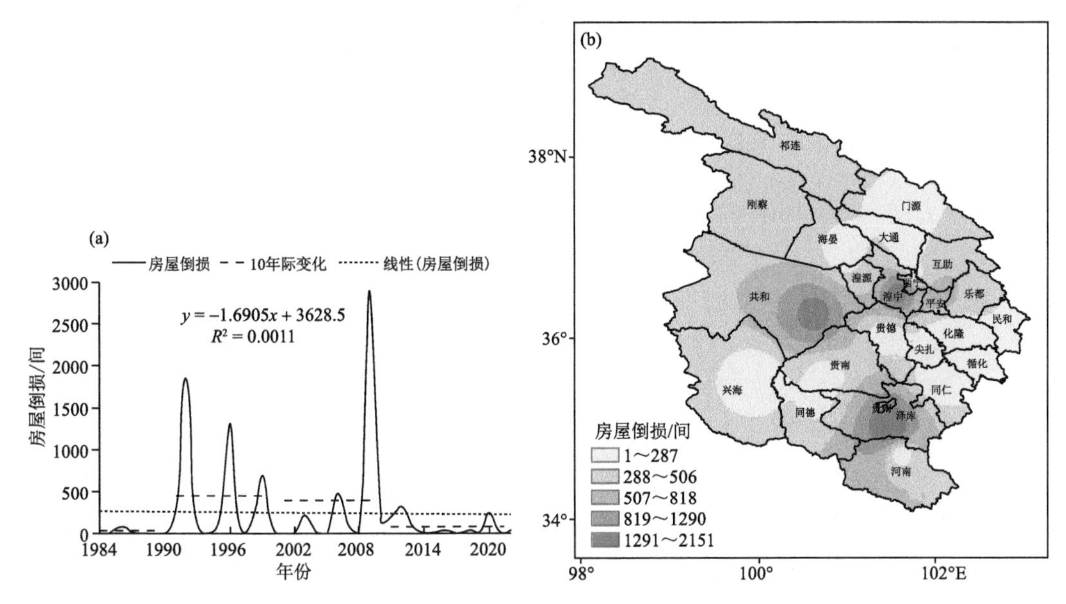

图 3.12　1984—2022 年青藏高原东北部冰雹灾害造成的房屋倒损变化(a)及空间分布(b)

1984—2022 年青藏高原东北部冰雹灾害造成的伤亡人数以 2009 年最重，造成 33 人伤亡；1984—2022 年冰雹灾害造成的伤亡人数呈减少趋势，平均每 10 年减少 0.5 人(图 3.13a)。

从各地近 39 年来冰雹灾害累计造成的伤亡人数来看，泽库受灾人数最多，达 30 人；贵南、乐都、河南分别为 14 人、24 人、29 人，其余地区均在 10 人以下(图 3.13b)。

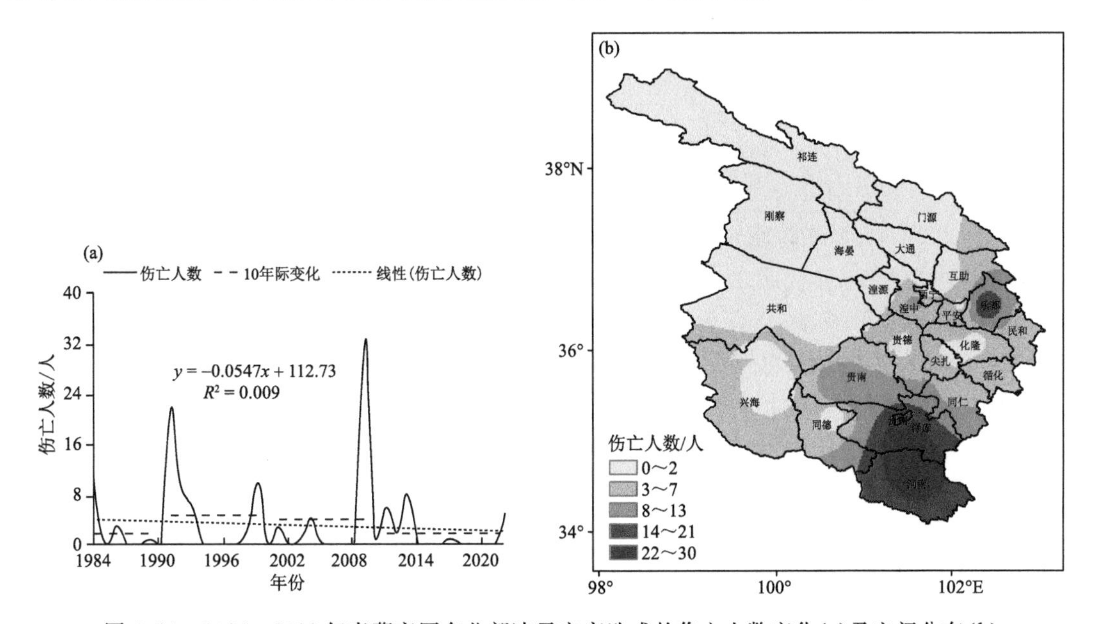

图 3.13　1984—2022 年青藏高原东北部冰雹灾害造成的伤亡人数变化(a)及空间分布(b)

1984—2022 年青藏高原东北部冰雹灾害累计造成的直接经济损失呈上升趋势，平均每 10 年增加 0.56 亿元，2000 年以来增加明显，年均 1.61 亿元，2022 年最严重，达 4.59 亿元，2009 年和 2001 年为历史第二多和第三多，分别为 4.47 亿元和 3.45 亿元，20 世纪 90 年代冰雹灾害累计造成的直接经济损失基本在0.2亿元以下(图3.14a)。

从各地近39年来累计造成的直接经济损失来看,民和、互助最多,分别为7.42亿元、6.29亿元;湟中次之,为3.95亿元;湟源、同德、共和、乐都、化隆、大通、门源在1亿～4亿元,其余地区均在1亿元以下(图3.14b)。

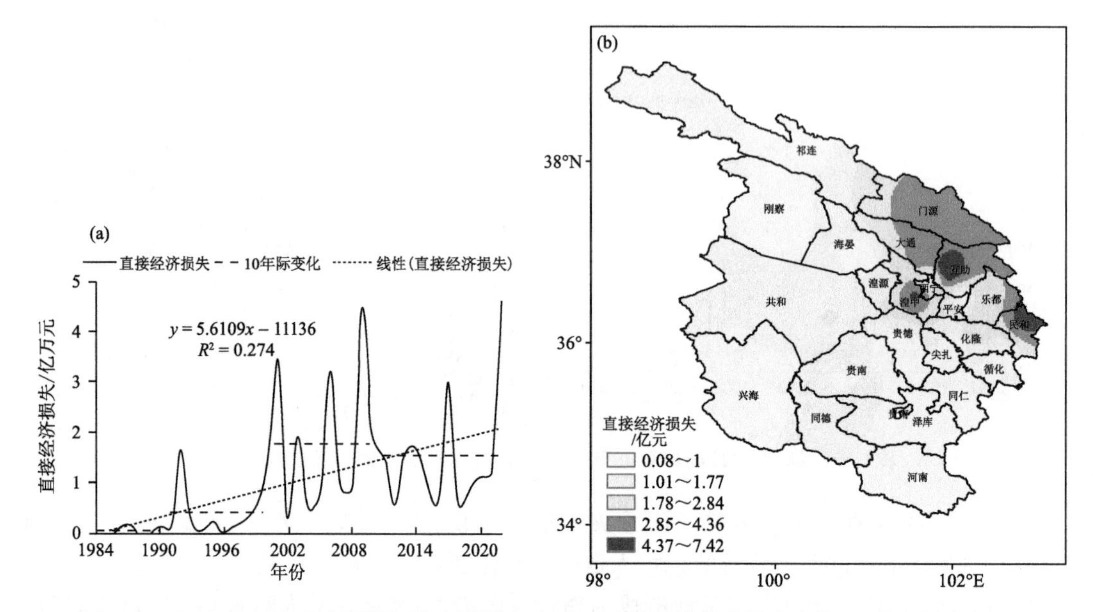

图3.14 1984—2022年青藏高原东北部冰雹灾害造成的直接经济损失变化(a)及空间分布(b)

3.4 雷电灾害影响

3.4.1 频次时空分布

1984—2022年,青藏高原东北部雷电灾害发生站次以21世纪00年代最多,年均发生12.1站次,21世纪10年代次之,年均发生1.8站次,其中2006年青藏高原东北部雷电灾害出现24站次,为历史最多,2003年为历史第二多,2005和2008年为历史第三多(图3.15a)。

1984—2022年,各地雷电灾害累计发生次数在1～23次,其中刚察、泽库、湟源、河南、大通、兴海最易发生雷电灾害,累计发生次数超过10次,兴海为雷电灾害发生最多的地区(图3.15b)。

3.4.2 承灾体分布

近39年来,雷电灾害最易造成人员伤亡,另外,部分地区的畜牧业、工业、林业、通信、电力、基础设施也遭受过雷击(图3.16)。

图3.17给出了近39年来青藏高原东北部畜牧业、工业、林业、电力、通信、基础设施、人口灾损次数。近39年来,雷电灾害造成大通、泽库人员伤亡次数最多,刚察、湟中次之;大通、河南畜牧业遭受雷击较常见;湟中、乐都工业,湟中林业,平安、西宁基础设施曾遭遇雷击;同仁、祁连、尖扎、大通、西宁、湟源、河南电力曾受雷击影响;刚察、湟源、祁连、河南通信受雷电影响次数较多。

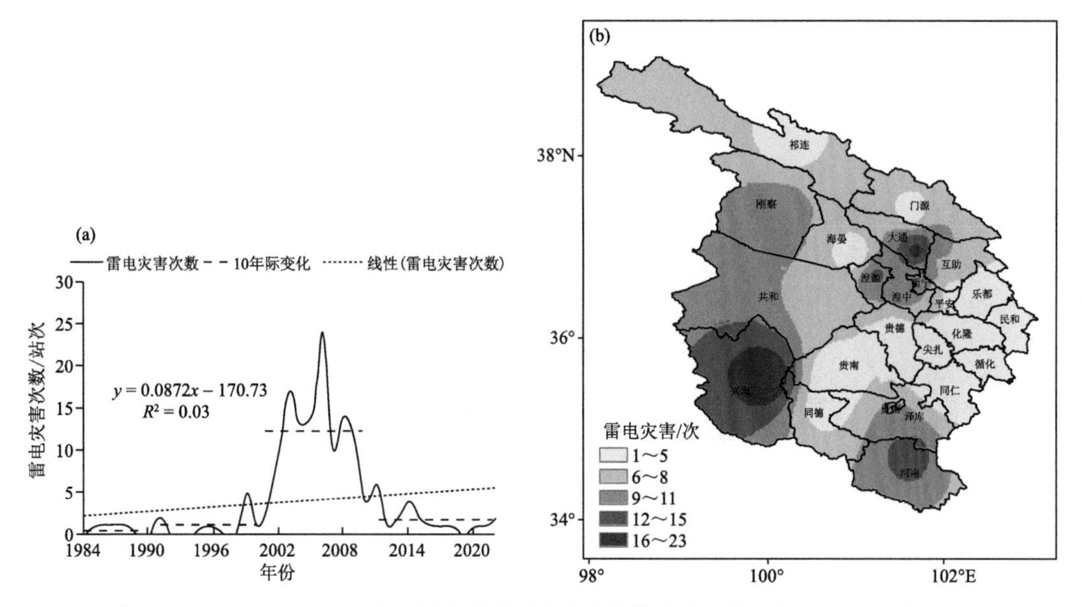

图 3.15　1984—2019 年青藏高原东北部雷电灾害累计发生次数变化(a)及空间分布(b)

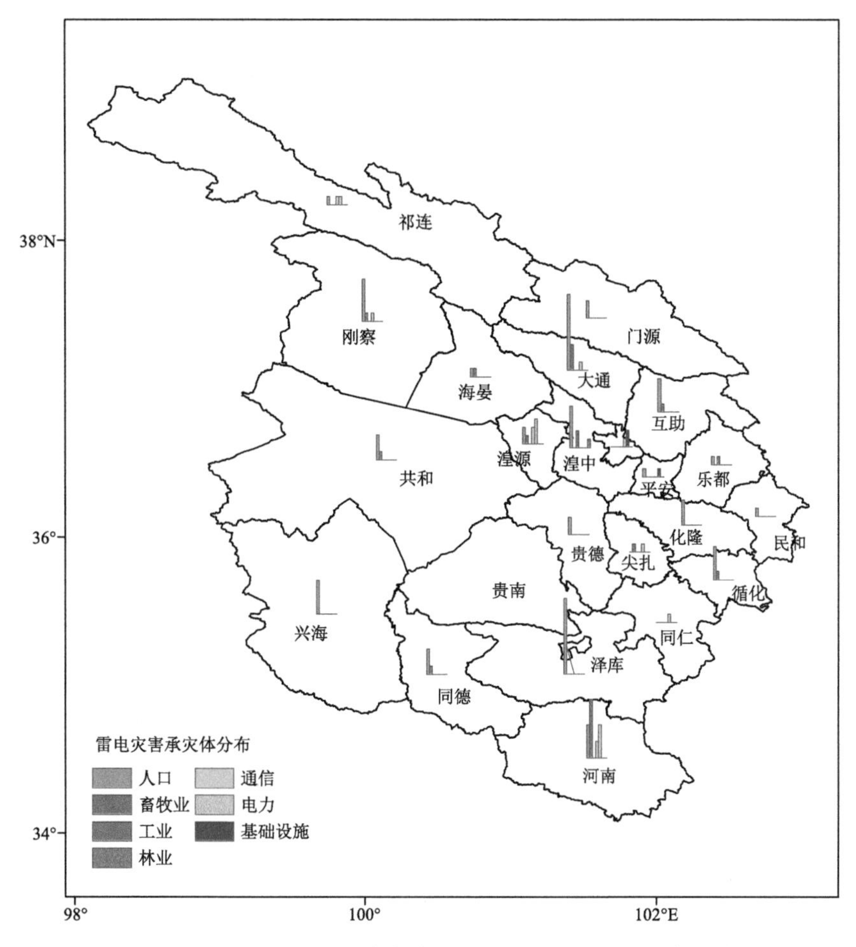

图 3.16　1984—2022 年青藏高原东北部雷电灾害承灾体分布

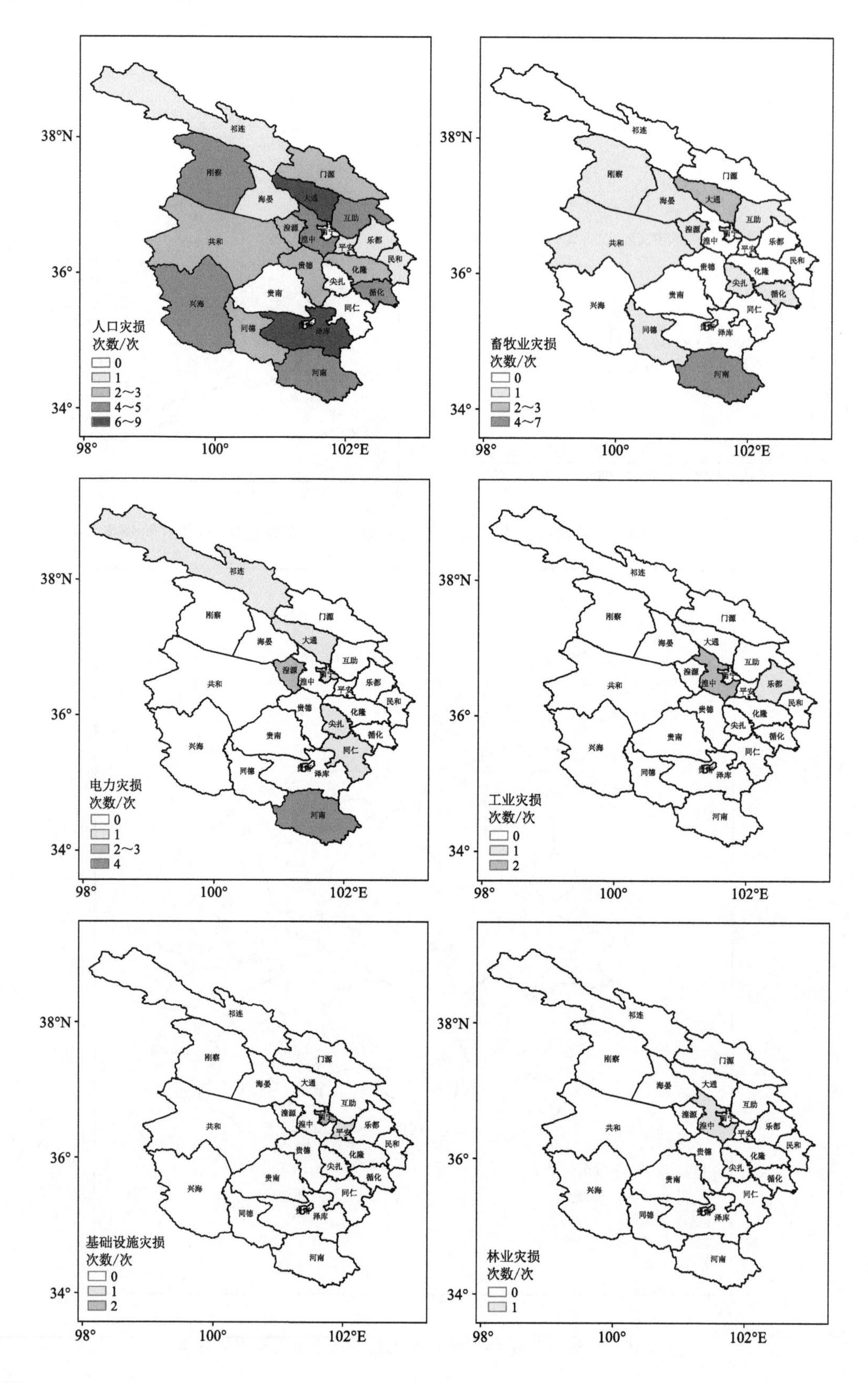
人口灾损
次数/次
0
1
2～3
4～5
6～9
畜牧业灾损
次数/次
0
1
2～3
4～7
电力灾损
次数/次
0
1
2～3
4
工业灾损
次数/次
0
1
2
基础设施灾损
次数/次
0
1
2
林业灾损
次数/次
0
1
38°N
36°
34°
98°
100°
102°E
祁连
刚察
门源
海晏
大通
互助
湟源
湟中
平安
乐都
民和
共和
贵德
化隆
尖扎
循化
兴海
贵南
同仁
同德
泽库
河南

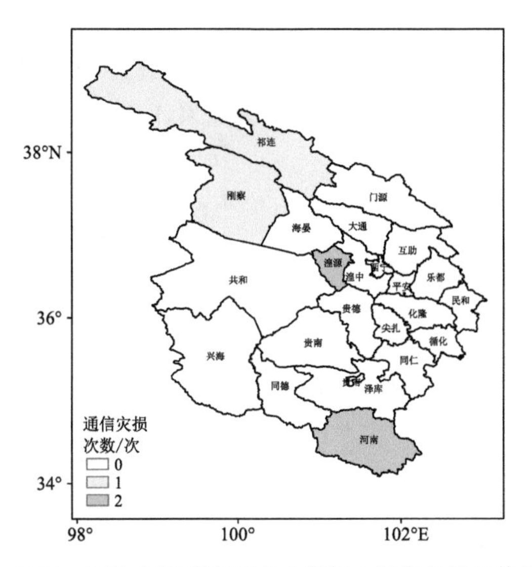

图 3.17　1984—2022 年青藏高原东北部雷电灾害各承灾体易损情况

3.4.3　主要灾损情况

图 3.18 给出了 1984—2022 年青藏高原东北部雷电灾害造成的房屋倒损情况，20 世纪 90 年代和 21 世纪 00 年代房屋倒损最多，其中 1999 年雷电灾害造成的房屋倒损达 16 间，为历史第一多，2014 为历史第二多(图 3.18a)。

从各地近 39 年来造成的房屋倒损间数来看，泽库最多，达 16 间，其次是河南，达 3 间，平安、兴海累计倒损分别为 1 间、2 间，其余地区都没有房屋倒损(图 3.18b)。

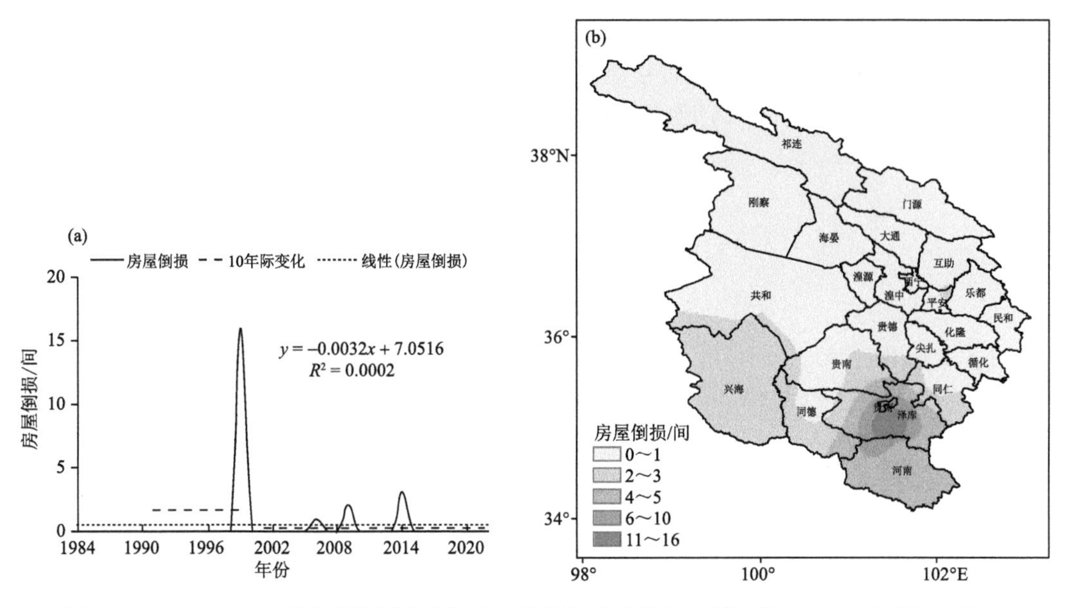

图 3.18　1984—2022 年青藏高原东北部雷电灾害造成的房屋倒损间数变化(a)及空间分布(b)

图 3.19 给出了 1984—2022 年青藏高原东北部雷电灾害造成的人员伤亡情况，21 世纪 00 年代雷电造成的伤亡人数最多，累计造成 99 人伤亡，其中 2005 年造成的伤亡人数达 23 人，为

历史最多(图 3.19a)。

从各地近 39 年来造成的伤亡人数来看，泽库受灾最重，累计伤亡人数为 28 人，河南、湟中、循化、大通累计伤亡人数在 10～16 人，其余地区累计伤亡人数在 10 人以下(图 3.19b)。

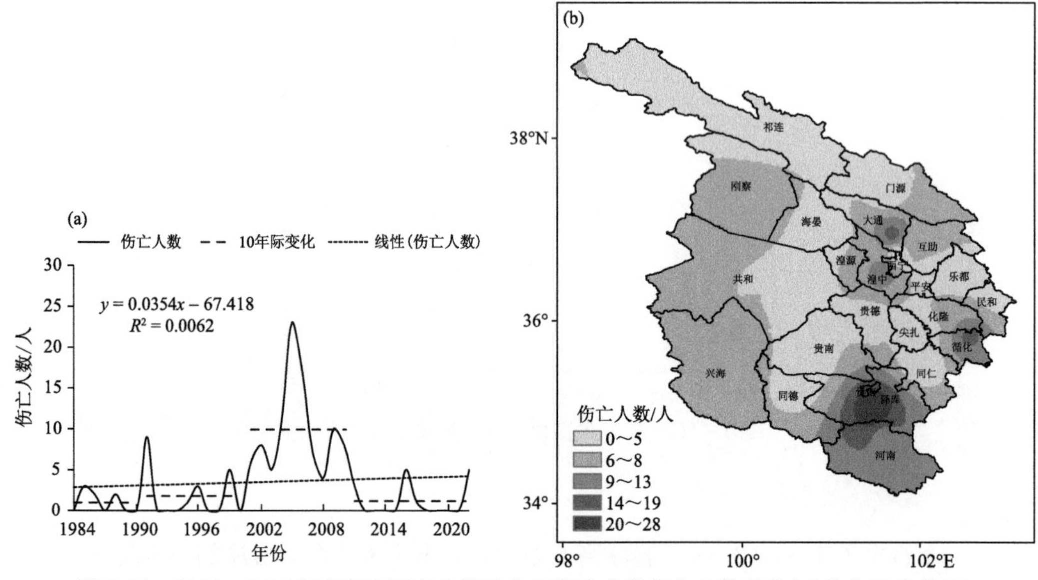

图 3.19　1984—2022 年青藏高原东北部雷电灾害造成的伤亡人数变化(a)及空间分布(b)

1984—2022 年青藏高原东北部雷电灾害累计造成的直接经济损失呈上升趋势，平均每 10 年增加 12 万元，2000 年以来增加明显，年均 55 万元，2008 年最严重，达 741 万元，2004 年为历史第二多，为 127 万元，20 世纪 90 年代雷电灾害累计造成的直接经济损失基本在 10 万元以下(图 3.20a)。

从各地近 39 年来累计造成的直接经济损失来看，湟中最多、为 877 万元，河南次之、为 76 万元；兴海、大通在 50 万～70 万元，其余地区均在 50 万元以下(图 3.20b)。

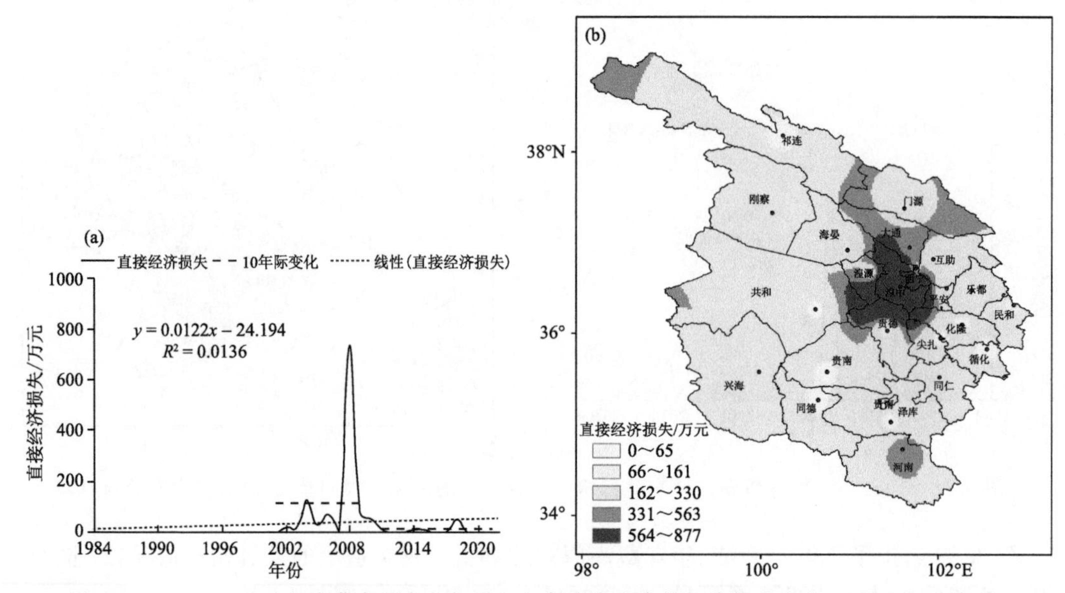

图 3.20　1984—2022 年青藏高原东北部雷电灾害造成的直接经济损失变化(a)及空间分布(b)

3.5　地质灾害影响

3.5.1　频次时空分布

1984—2022 年，青藏高原东北部地质灾害发生站次呈上升趋势，21 世纪 00 年代为地质灾害高发期，年均发生 8 站次，2007 年为历史最多(21 站次)，21 世纪 10 年代和 20 世纪 90 年代次之，年均发生站次分别为 2.75 站次和 3 站次(图 3.21a)。

1984—2022 年，各地地质灾害累计发生次数以化隆最多，达 22 次；同仁、西宁、兴海、贵德、湟中、同德、大通为次多区，累计发生次数在 10～18 次，其余地区不足 10 次(图 3.21b)。

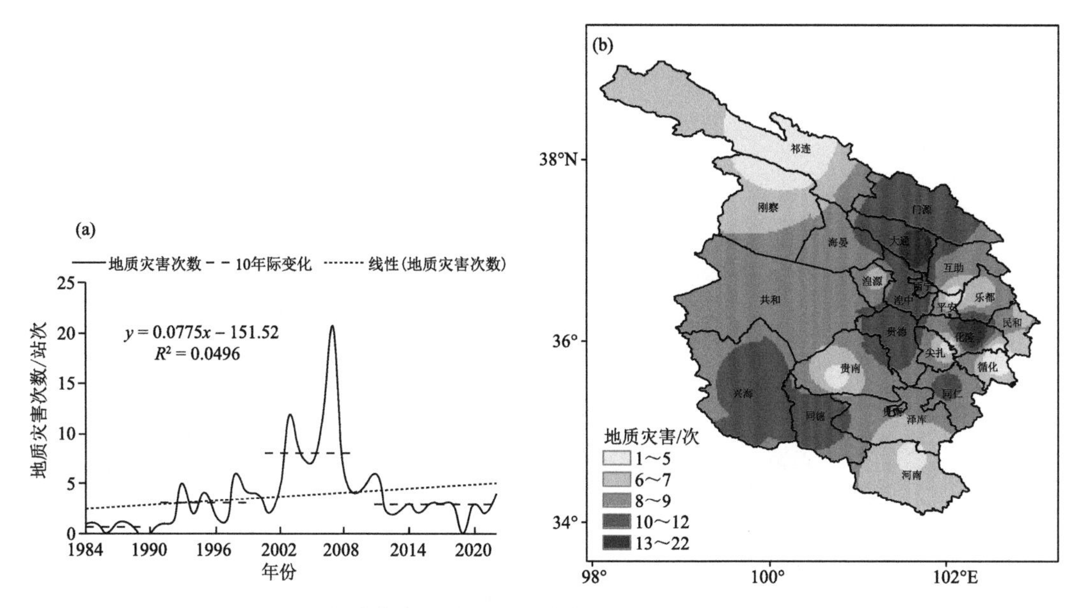

图 3.21　1984—2022 年青藏高原东北部地质灾害累计发生站次变化(a)及空间分布(b)

3.5.2　承灾体分布

近 39 年来，受地质灾害影响，青藏高原东北部农业、畜牧业、水利、工业、林业、渔业、交通、电力、通信、房屋、基础设施、商业均遭受过不同程度的损失，地质灾害也造成大部分地区出现人员伤亡与失踪事件，对大部分地区而言，最易受地质灾害影响的承灾体为农业、人口、房屋(图 3.22)。

图 3.23 给出了近 39 年来青藏高原东北部农业、畜牧业、水利、工业、林业、渔业、交通、电力、通信、房屋、基础设施、商业、人口灾损次数。近 39 年来，地质灾害造成人员伤亡及人员失踪次数以大通、湟中、西宁、兴海最大，河南、互助、湟源、同德、同仁次之；大通房屋最易倒损，同德、同仁、湟中、西宁、兴海次之；化隆农业最易受地质灾害影响，同德、兴海、大通、民和、贵德次之；化隆、湟中畜牧业较其余地区受影响次数相对较多；贵德、化隆水利，化隆工业，贵德、化隆、民和、互助林业，同仁、民和交通，贵德、化隆、民和、尖扎电力，贵德、化隆通信以及大通、西宁商业也曾遭受地质灾害的影响。

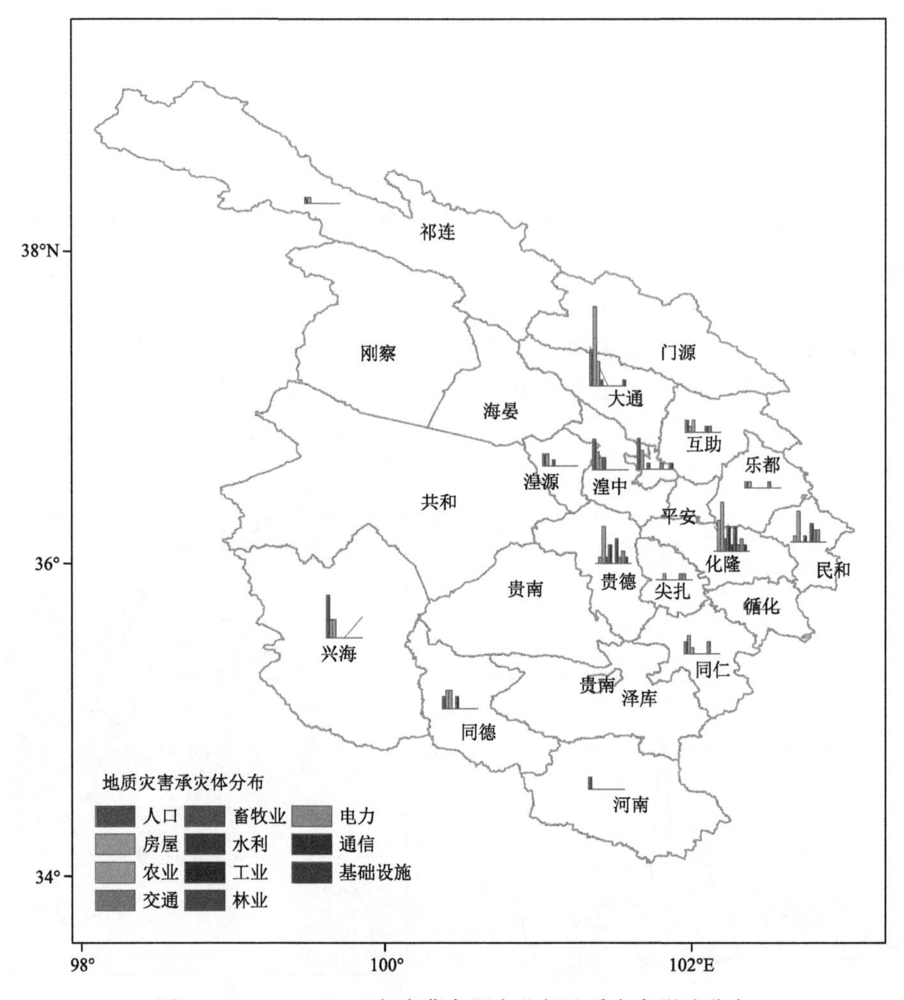

图 3.22 1984—2022 年青藏高原东北部地质灾害影响分布

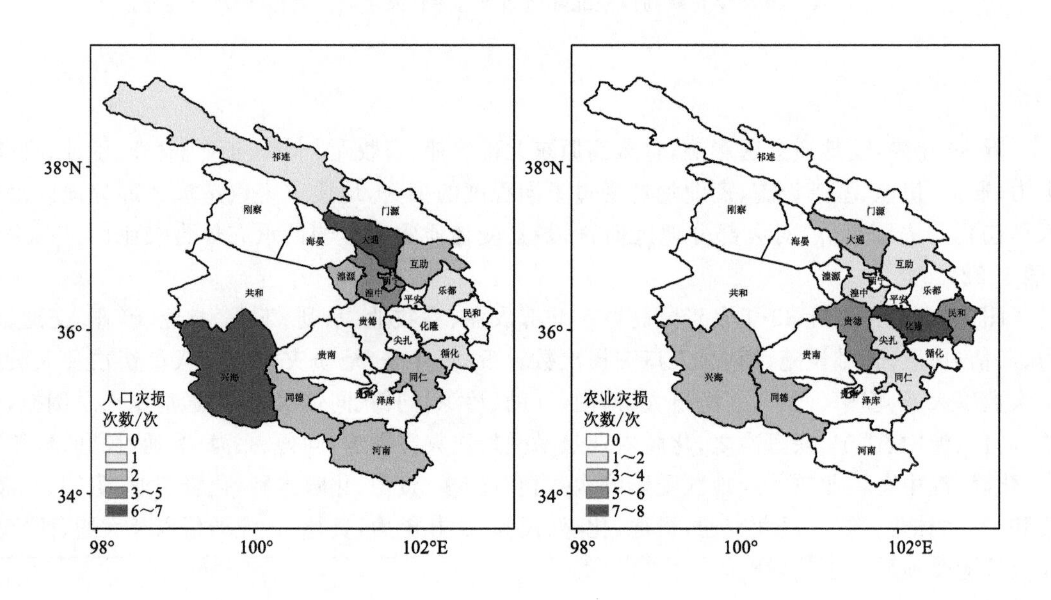

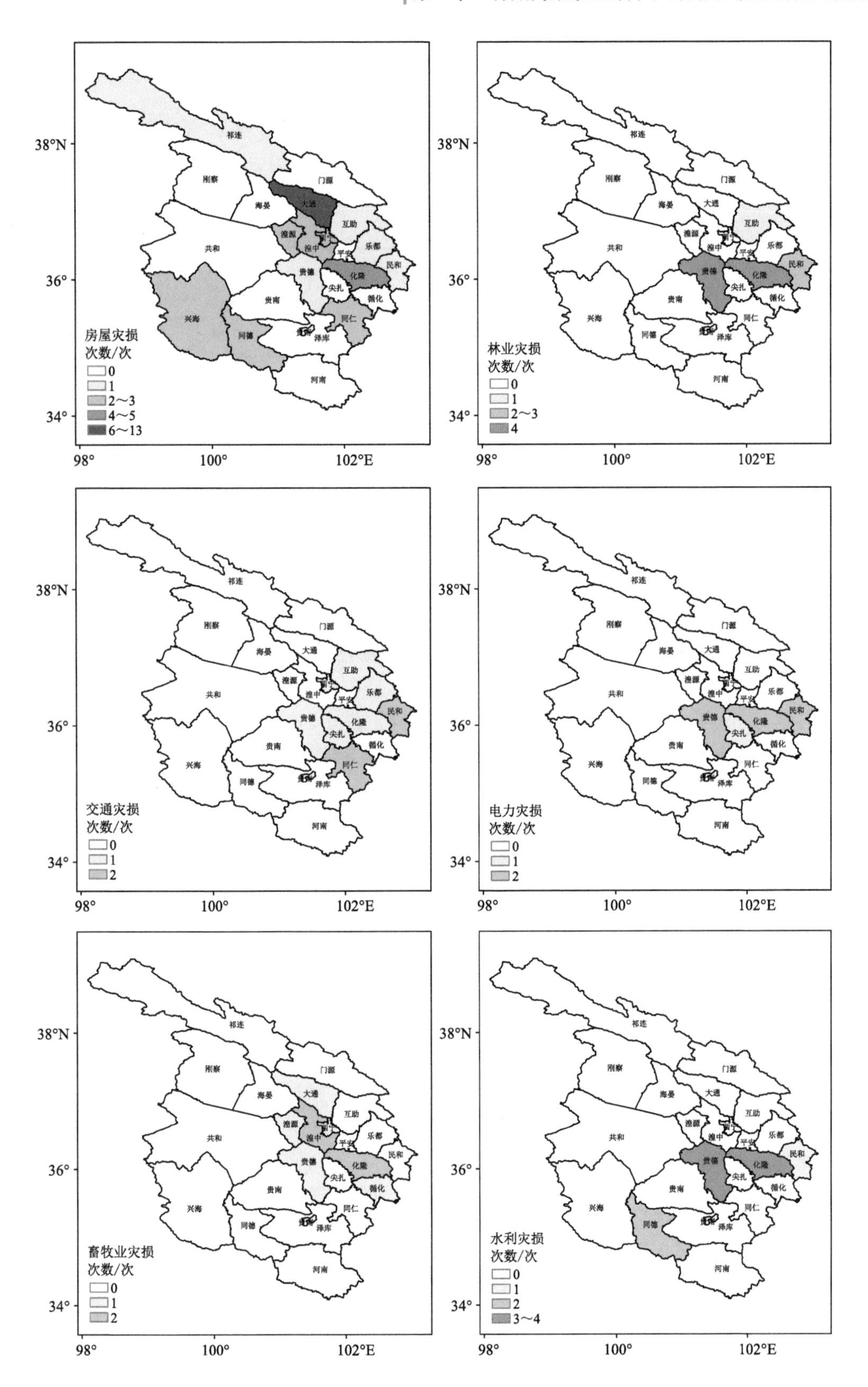
房屋灾损
次数/次
0
1
2～3
4～5
6～13
林业灾损
次数/次
0
1
2～3
4
交通灾损
次数/次
0
1
2
电力灾损
次数/次
0
1
2
畜牧业灾损
次数/次
0
1
2
水利灾损
次数/次
0
1
2
3～4
祁连
刚察
门源
海晏
大通
互助
湟源
湟中
乐都
平安
民和
共和
贵德
化隆
尖扎
循化
贵南
同仁
兴海
同德
泽库
河南
38°N
36°
34°
98°
100°
102°E

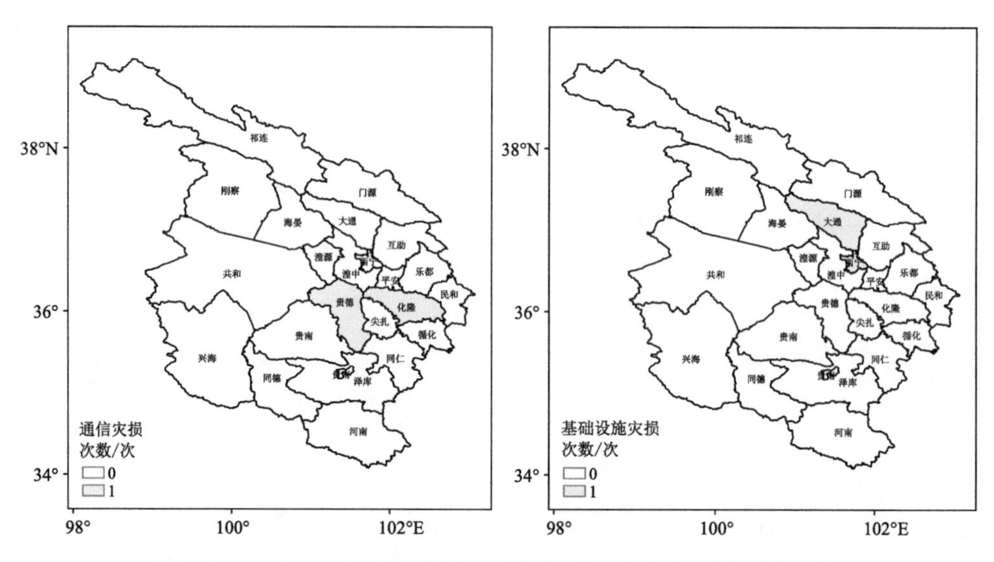

图 3.23　1984—2022 年青藏高原东北部地质灾害各承灾体易损情况

3.5.3　主要灾损情况

图 3.24 给出了 1984—2022 年青藏高原东北部地质灾害造成的房屋倒损情况，2009 年和 1995 年房屋倒损间数分别为 565 间和 321 间，分别为历史第一位和第二位，其余年份均在 100 间以下(图 3.24a)。

从各地近 39 年来造成的房屋倒损间数来看，同仁最多，达 580 间，西宁次之，为 307 间，大通、化隆房屋累计倒损 100 余间，其余地区在 100 间以下(图 3.24b)。

1984—2022 年青藏高原东北部地质灾害造成的伤亡人数以 20 世纪 90 年代最重，其中 1995 年和 2000 年伤亡人数分别为 17 人和 12 人，为历史第一多和第二多；进入 21 世纪后，

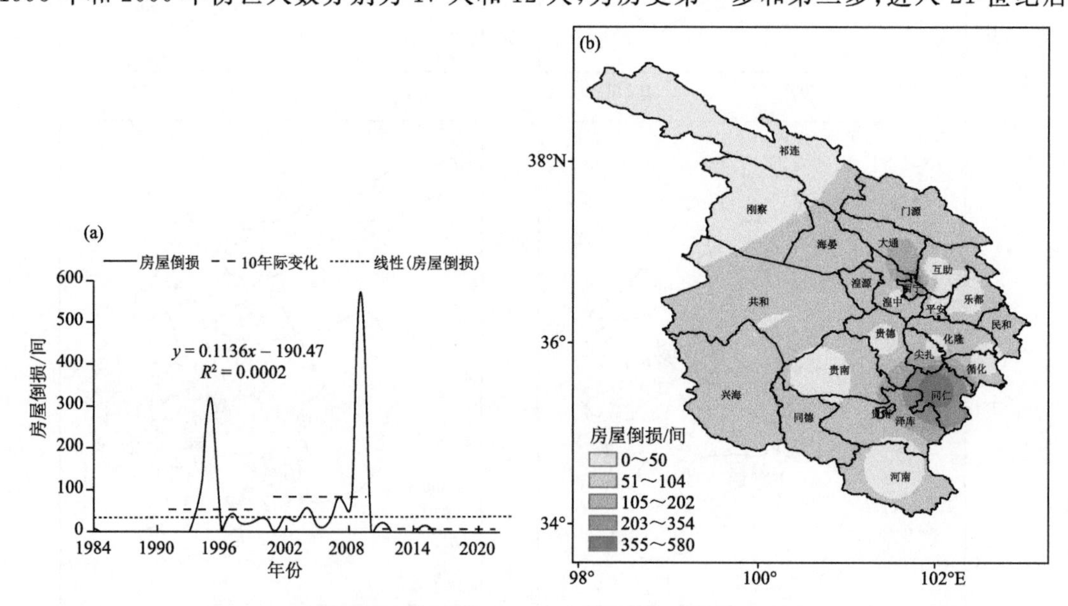

图 3.24　1984—2022 年青藏高原东北部地质灾害造成的房屋倒损间数变化(a)及空间分布(b)

2022年地质灾害造成12人伤亡，2016年地质灾害造成6人伤亡(图3.25a)。

从各地近39年来地质灾害累计造成的伤亡人数来看，湟中、大通、西宁分别为15人、22人、24人，循化、湟源、兴海、同德为5～13人，其余地区都在5人以下(图3.25b)。

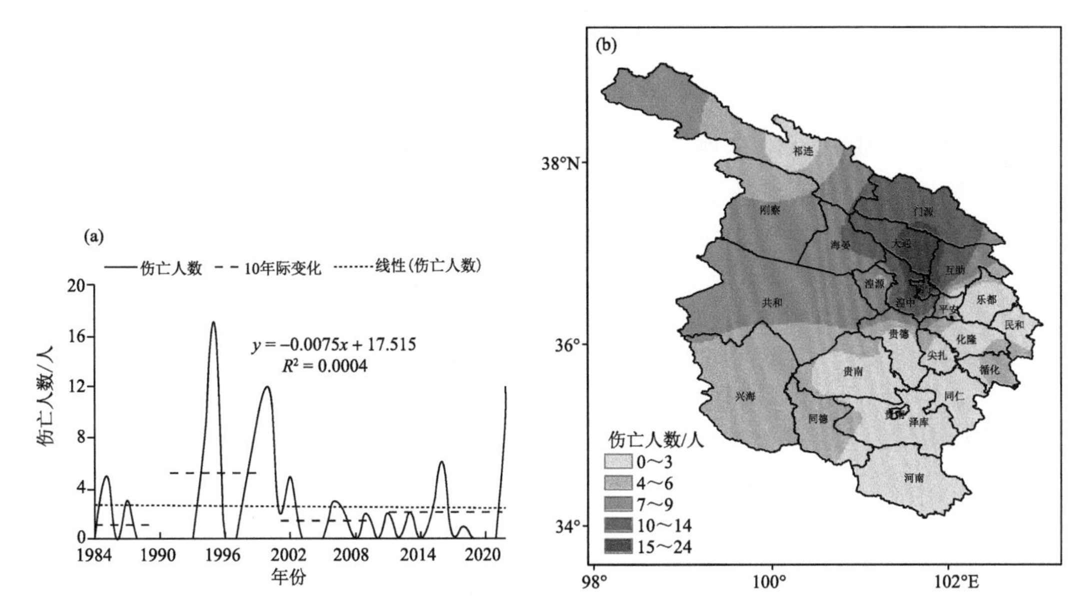

图3.25　1984—2022年青藏高原东北部地质灾害造成的伤亡人数变化(a)及空间分布(b)

1984—2022年青藏高原东北部地质灾害累计造成的直接经济损失呈上升趋势，平均每10年增加66万元，2000年以来增加明显，年均209万元，2009年最严重，达1261万元，2018年为历史第二多，为734万元，20世纪90年代地质灾害累计造成的直接经济损失为33万元(图3.26a)。

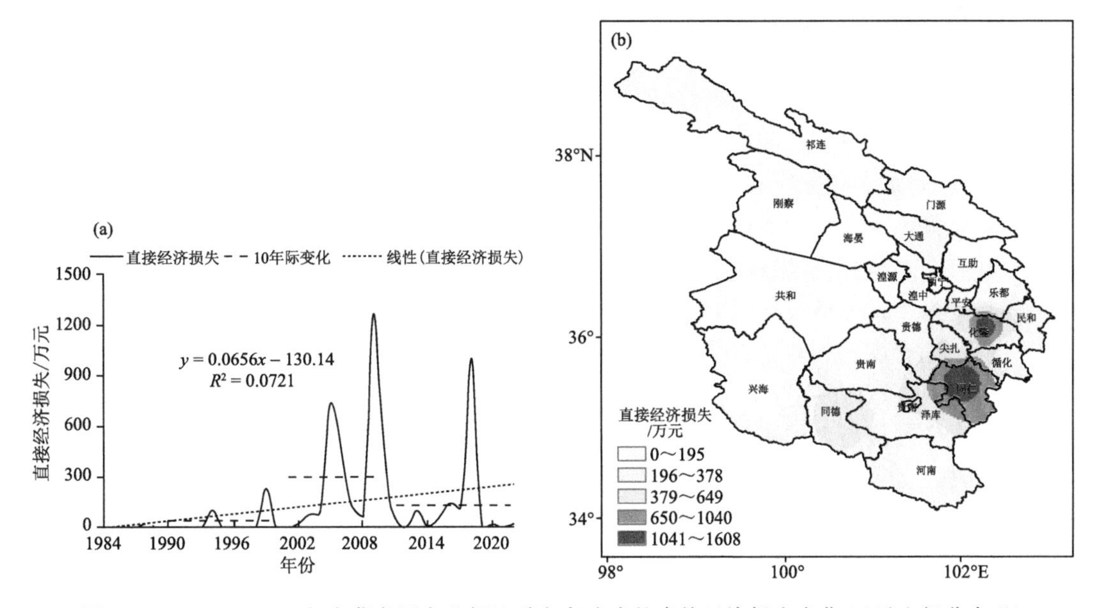

图3.26　1984—2022年青藏高原东北部地质灾害造成的直接经济损失变化(a)及空间分布(b)

从各地近39年来累计造成的直接经济损失来看，同仁最多，为1608万元、;化隆次之，为1513万元;湟中、尖扎、民和、大通、同德在100万～640万元，其余地区均在100万元以下(图3.26b)。

3.6 小结

本章根据历史灾情数据，梳理降水引发的气象灾害分布特征，通过分析，得出以下结论：

(1)1984—2022年，青藏高原东北部降水引发的气象灾害总站数呈上升趋势，上升速率为19.56站次/(10 a)，其中21世纪00年代为高发期，2006年为历史最多，21世纪10年代为次高期，2018年为近10年来最多。从空间分布来看，同德、贵南、化隆、湟中、贵德、兴海为高发区，累计发生次数超过150次，兴海最多。

(2)1984—2022年，青藏高原东北部强降水引发的气象灾害主要有暴雨洪涝、冰雹灾害、雷电灾害、地质灾害，其中暴雨洪涝和冰雹灾害占比分别为47%和40%，地质灾害和雷电灾害占比分别为6%和7%。从直接经济损失来看，暴雨洪涝灾害的经济损失占比最大(55%)，其次是冰雹灾害，占44%，地质灾害仅占1%，雷电灾害最小。从伤亡人数来看，暴雨洪涝灾害依然最高，占66%，雷电灾害次之，占13%，冰雹灾害占12%，地质灾害最小。

(3)1984—2022年，青藏高原东北部暴雨洪涝频次以14站次/(10 a)的速率增加，21世纪10年代为高发期，其中2018年为历史最多。冰雹灾害、雷电灾害、地质灾害高发期均在21世纪00年代，历史最多年份分别为2003年、2006年、2007年。

(4)从空间分布来看，暴雨洪涝灾害易发地主要分布在同仁、化隆、共和、同德、贵南、兴海、贵德，为暴雨洪涝发生最多的地区;冰雹灾害易发地主要分布在大通、化隆、湟中;雷电灾害易发地主要分布在大通、刚察、湟源、泽库、河南、兴海;地质灾害易发地主要分布在大通、同仁、西宁、兴海、贵德、湟中、同德。

(5)农业、畜牧业、房屋最易受暴雨洪涝影响，暴雨洪涝造成人员伤亡人数以共和最大，民和房屋最易倒损，贵德农业、畜牧业、水利、林业、交通、基础设施最易受暴雨洪涝灾害的影响，在电力行业，共和、贵南、大通、湟源相对于其余地区，更易受暴雨洪涝灾害的影响;另外，贵德、湟源、祁连、湟中的通信业，同仁、化隆、海晏的工业以及贵德、民和、西宁的商业也有受暴雨洪涝灾害影响的可能。

(6)青藏高原东北部农业最易受冰雹灾害影响，部分地区人员、牲畜被冰雹砸伤，畜棚、房屋玻璃被击碎，道路、渠道淤积等。其中:大通、湟中农业最易受冰雹灾害的影响，贵德、乐都、民和、同仁均发生过人员被冰雹砸伤事件，贵南、门源、同仁道路以及贵南、湟中、尖扎、民和水渠出现淤积，刚察、共和、互助、化隆、湟中、尖扎、乐都、门源、民和、同仁、循化均出现过牲畜被冰雹砸伤砸死现象，刚察、贵南、互助、化隆、湟源、湟中、乐都、民和、平安、西宁房屋出现损毁。

(7)雷电灾害最易造成人员伤亡，另外，部分地区畜牧业、工业、林业、电力、通信、基础设施也遭受过雷击。雷电灾害造成大通伤亡人数最多;大通、天峻畜牧业遭受雷击较常见;湟中、乐都工业，湟中林业，平安基础设施，大通、湟源、尖扎、祁连、同仁、西宁电力曾遭遇过雷击;刚察、湟源、祁连、天峻通信受雷电影响较常见。

(8)受地质灾害影响，青藏高原东北部农业、畜牧业、水利、工业、林业、渔业、交通、电力、通信、房屋、基础设施、商业均遭受过不同程度的损失，地质灾害也造成大部分地区出现人员伤亡与失踪事件，对大部分地区而言，最易受地质灾害影响的承灾体为农业、人口、房屋。地质灾害造成伤亡人数以大通、湟中、西宁最大，大通房屋最易倒损，化隆农业最易受地质灾害影响，化隆、湟中畜牧业较其余地区受影响次数相对较多；另外，贵德、化隆水利，化隆工业，贵德、化隆、民和、互助林业，同仁、民和交通，贵德、化隆、民和、尖扎电力，贵德、化隆通信以及大通、西宁商业也曾遭受地质灾害的影响。

(9)1984—2022 年青藏高原东北部暴雨洪涝造成的房屋倒损受灾以 21 世纪 10 年代和 20 世纪 90 年代最重，其中 2018 年暴雨洪涝造成的房屋倒损间数和经济损失率均为历史第一多，1993 年暴雨洪涝造成的人员伤亡人数为历史最多。从空间分布来看，民和房屋倒损最严重，共和受 1993 年水库垮塌影响，受灾人数最多，民和次多，乐都、循化经济损失最重。

(10)2017 年青藏高原东北部冰雹灾害造成的农作物受灾面积为 21 世纪以来最多，互助、湟中受灾最重。2022 年和 2009 年冰雹灾害造成的经济损失为 21 世纪以来最重，民和、互助、湟中经济损失较重，其中民和最重。

(11)20 世纪 00 年代雷电造成的伤亡人数最多，2005 年造成的伤亡人数达 23 人，为历史最多。从空间分布来看，泽库、大通、湟中、河南、循化累计伤亡人数最多。

(12)2009 年和 1995 年青藏高原东北部地质灾害造成的房屋倒损间数为历史最多，1995 年和 2000 年伤亡人数分别为 17 人和 12 人，为历史第一多和第二多。从空间分布来看，同仁房屋倒损间数最多，西宁次之，伤亡人数以西宁、大通、湟中最多。

第 4 章 青藏高原东北部地区降水特征分析

4.1 年降水量变化特征

1961—2022 年青藏高原东北部地区平均年降水量为 414.1 mm，最大年降水量为 550.9 mm，出现在 1967 年，最小年降水量为 302.3 mm，出现在 1991 年；年降水量总体呈增多趋势，平均每 10 年增多 6.57 mm，从年际变化来看，20 世纪 90 年代降水量最少，平均为 387.9 mm，2011 年以来降水量最多，平均为 444.7 mm(图 4.1a)。

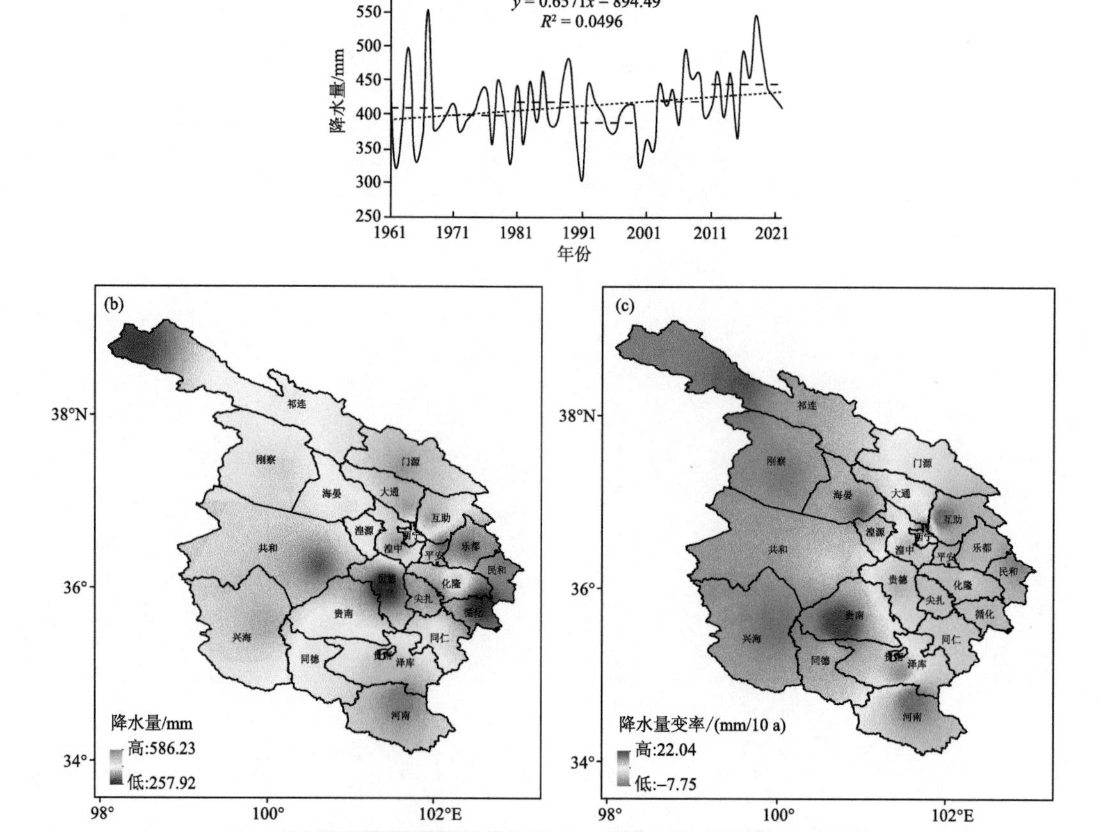

图 4.1 1961—2022 年青藏高原东北部降水量年际变化(a)、空间分布(b)及变率(c)

从青藏高原东北部地区各地年降水量来看，河南、湟中、门源、大通、互助年降水量超过 500 mm，最大值出现在河南县，年降水量为 586.3 mm；最小值出现在贵德，为 257.7 mm，其次是循化，为 266.9 mm，其余地区年降水量在 300～500 mm(图 4.1b)。

从 1961—2022 年青藏高原东北部地区各地年降水量变率来看，互助、民和、河南总体呈减少趋势，其中互助减幅最大，平均每 10 年减少 7.75 mm，其余地区均呈现增多趋势，其中贵南增幅最大，平均每 10 年增多 22.04 mm，其余地区增幅在 20 mm/(10 a)以内(图 4.1c)。

4.2 不同季节降水量变化特征

4.2.1 春季降水量变化特征

1961—2022 年青藏高原东北部春季平均降水量为 78.7 mm，春季最大降水量为 140.9 mm，出现在 1964 年，最小降水量为 36.9 mm，出现在 1995 年和 2000 年；春季降水量总体呈增多趋势，平均每 10 年增多 1.15 mm，从年际变化来看，20 世纪 70 年代、90 年代降水量偏少，其余年代均偏多，70 年代降水量最少，平均为 64.6 mm，2000 年以来降水量最多，平均为 84.2 mm(图 4.2a)。

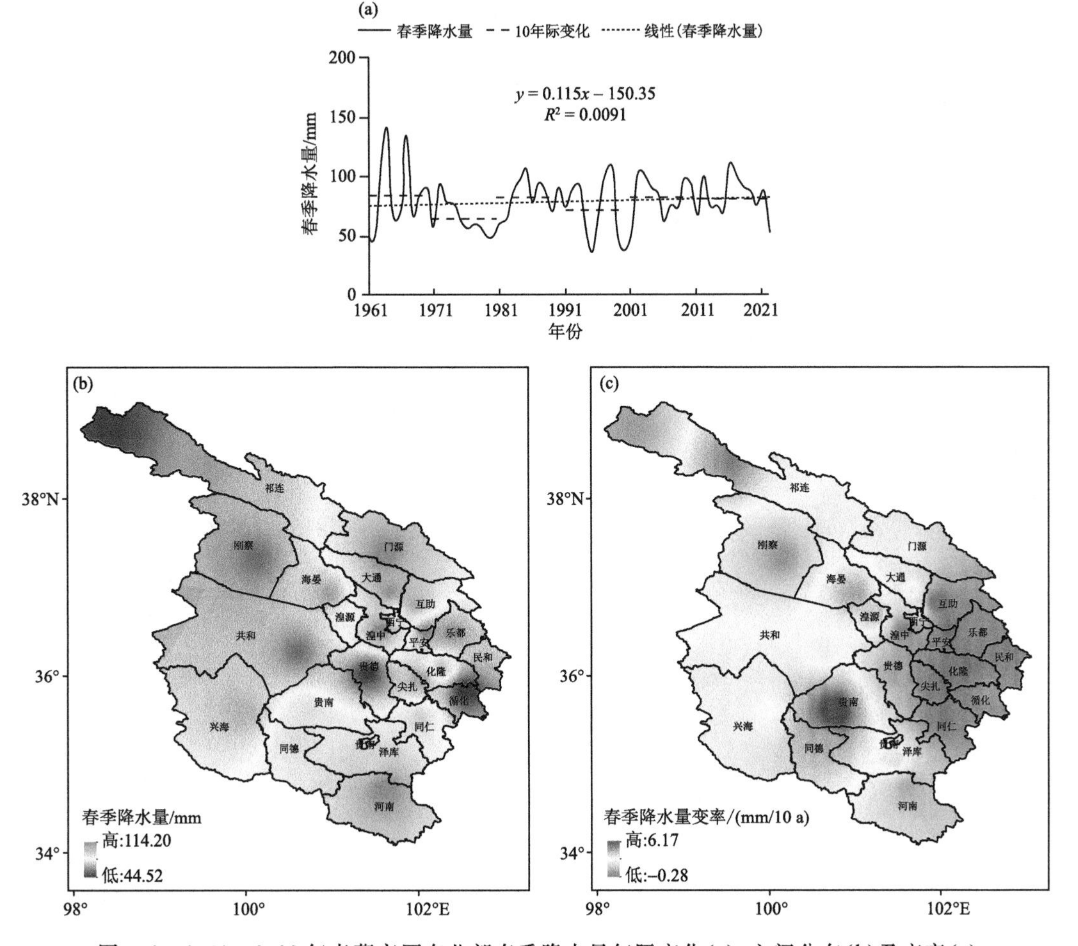

图 4.2 1961—2022 年青藏高原东北部春季降水量年际变化(a)、空间分布(b)及变率(c)

从青藏高原东北部各地春季降水量分布来看，门源、湟中、河南、大通、互助降水量超过 100 mm，最大值出现在门源，降水量为 114.4 mm；最小值出现在循化，为 44.4 mm，其次是贵德和托勒，分别为 48.4 mm 和 49.0 mm，其余地区春季降水量在 50～100 mm（图 4.2b）。

从 1961—2022 年青藏高原东北部各地春季降水量变率来看，互助总体呈略减少趋势，减幅为平均每 10 年减少 0.28 mm，其余地区均呈现增多趋势，其中贵南增幅最大，平均每 10 年增多 6.17 mm，其余地区增幅在 5.0 mm/(10 a)以内（图 4.2c）。

4.2.2 夏季降水量变化特征

1961—2022 年青藏高原东北部夏季平均降水量为 241.7 mm，夏季最大降水量为 341.4 mm，出现在 2018 年，最小降水量为 175.3 mm，出现在 2002 年；夏季降水量总体呈增多趋势，平均每 10 年增多 3.58 mm，从年际变化来看，20 世纪 70 年代、80 年代以及 2011 年以来降水量偏多，其余年代偏少，60 年代降水量最少，平均为 231.2 mm，2011 年以来降水量最多，平均为 259.0 mm（图 4.3a）。

从青藏高原东北部各地夏季降水量来看，最大值出现在河南，降水量为 320.5 mm；最小值出现在贵德，为 148.1 mm，其余地区夏季降水量在 150～300 mm（图 4.3b）。

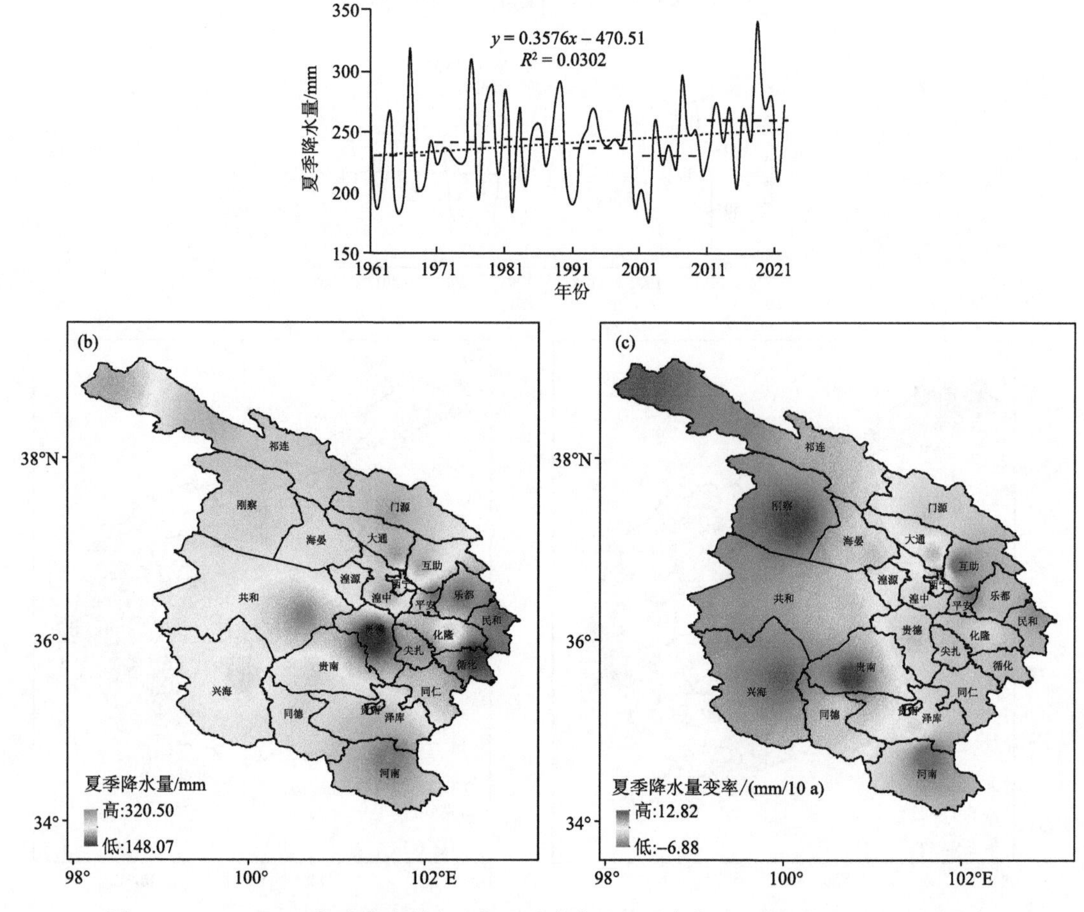

图 4.3 1961—2022 年青藏高原东北部夏季降水量年际变化(a)、空间分布(b)及变率(c)

从1961—2022年青藏高原东北部各地夏季降水量变率来看，互助、平安、民和、河南总体呈略减少趋势，互助减幅最小，平均每10年减少6.88 mm，其余地区均呈现增多趋势，其中贵南增幅最大，平均每10年增多12.82 mm，其次是刚察、托勒，增幅分别为12.09 mm/(10 a)、10.79 mm/(10 a)，其余地区增幅在9.0 mm/(10 a)以内(图4.3c)。

4.2.3 秋季降水量变化特征

1961—2022年青藏高原东北部秋季平均降水量为88.1 mm，秋季最大降水量为134.5 mm，出现在1961年，最小降水量为30.7 mm，出现在1991年；秋季降水量总体呈增多趋势，平均每10年增多1.62 mm，从年际变化来看，20世纪70—90年代降水量偏少，其余年代均偏多，90年代降水量最少，平均为72.6 mm，2011年以来降水量最多，平均为96.9 mm(图4.4a)。

从青藏高原东北部各地秋季降水量来看，河南、互助、湟中、大通、门源、泽库、化隆降水量超过100 mm，最大值出现在河南，降水量为139.9 mm；最小值出现在托勒，为40.5 mm，其次是循化、贵德，分别为55.8 mm、59.8 mm，其余地区秋季降水量在60～100 mm(图4.4b)。

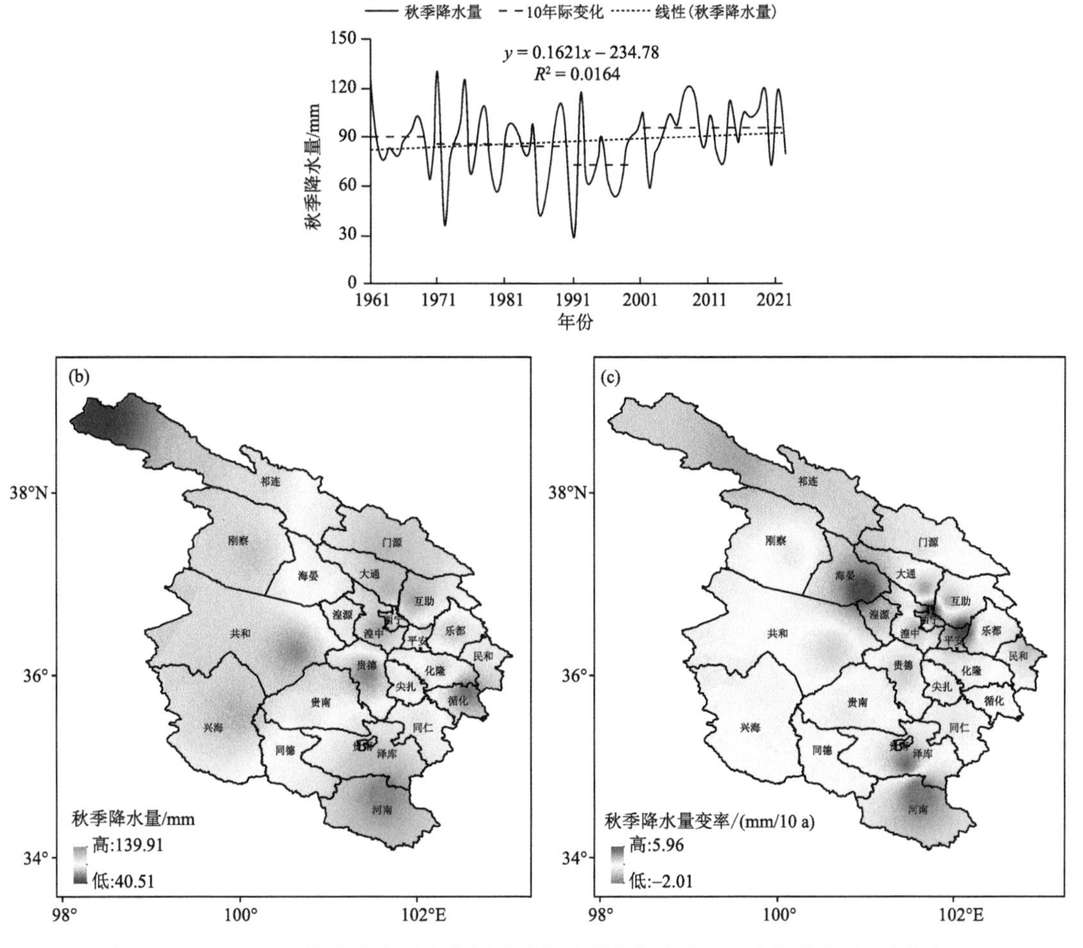

图4.4 1961—2022年青藏高原东北部秋季降水量年际变化(a)、空间分布(b)及变率(c)

从1961—2022年青藏高原东北部各地秋季降水量变率来看，河南、大通总体呈略减少趋势，河南减幅最大，平均每10年减少2.01 mm，其余地区均呈现增多趋势，其中平安增幅最大，平均每10年增多5.96 mm，其次为海晏、西宁，增幅分别为5.91 mm/(10 a)、5.83 mm/(10 a)，其余地区增幅在5.0 mm/(10 a)以内(图4.4c)。

4.2.4 冬季降水量变化特征

1961—2022年青藏高原东北部冬季平均降水量为5.5 mm，冬季最大降水量为10.6 mm，出现在1975年，最小降水量为1.3 mm，出现在1962年；冬季降水量总体呈略增多趋势，平均每10年增多0.30 mm，从年际变化来看，20世纪60年代降水量最少，为4.0 mm，70年代、90年代以及21世纪00年代降水量与平均值持平，20世纪80年代与2011年以来均偏多，2011年以来降水量最多，平均为6.4 mm(图4.5a)。

从青藏高原东北部各地冬季降水量来看，河南降水量最大，为12.5 mm，其次为湟中，11.8 mm，循化降水量最少，为1.1 mm，其次为贵德、尖扎，分别为1.6m和1.9 mm，其余地区冬季降水量在2～10 mm(图4.5b)。

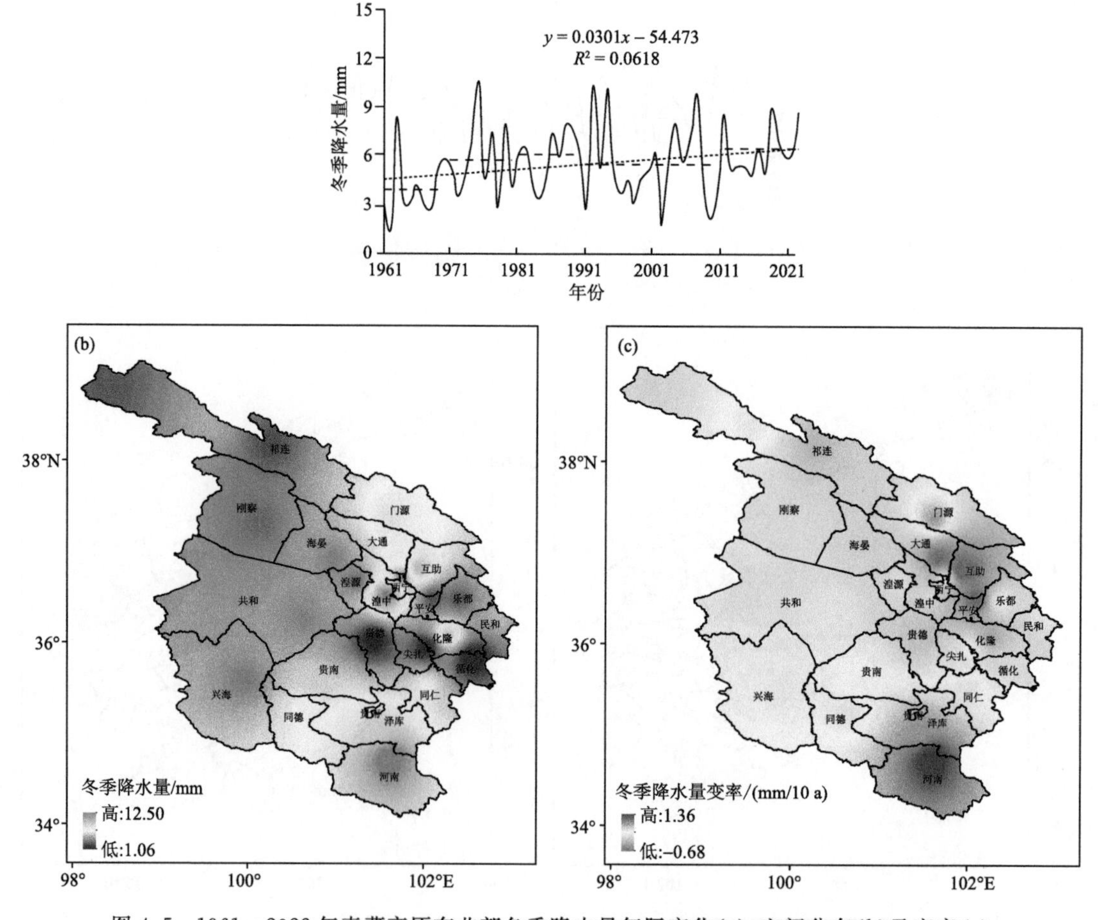

图4.5 1961—2022年青藏高原东北部冬季降水量年际变化(a)、空间分布(b)及变率(c)

从 1961—2022 年青藏高原东北部各地冬季降水量变率来看，大通、互助、平安、化隆总体呈略减少趋势，互助减幅最大，平均每 10 年减少 0.68 mm，其余地区均呈现略增多趋势，其中河南增幅最大，平均每 10 年增多 1.36 mm，其余地区增幅在 1.0 mm/(10 a)以内(图 4.5c)。

4.3　青藏高原东北部地区降水日数变化特征

4.3.1　年降水日数变化特征

1961—2022 年青藏高原东北部平均年降水日数为 106.3 d，年最多降水日数为 131.8 d，出现在 1967 年，最少降水日数为 91.0 d，出现在 2001 年；年降水日数总体呈略减少趋势，平均每 10 年减少 0.89 d，从年际变化来看，20 世纪 90 年代降水日数最少，为 101.8 d，70 年代以及 2001 年以来降水日数与平均值基本持平，80 年代降水日数最多，为 112.9 d，其次是 60 年代，为 109.1 d(图 4.6a)。

从青藏高原东北部各地年降水日数来看，河南最多，平均每年为 144.2 d，其次为门源，为 131.7 d，贵德降水日数最少，为 73.2 d，其次为循化，为 74.8 d，其余地区年降水日数在 80～

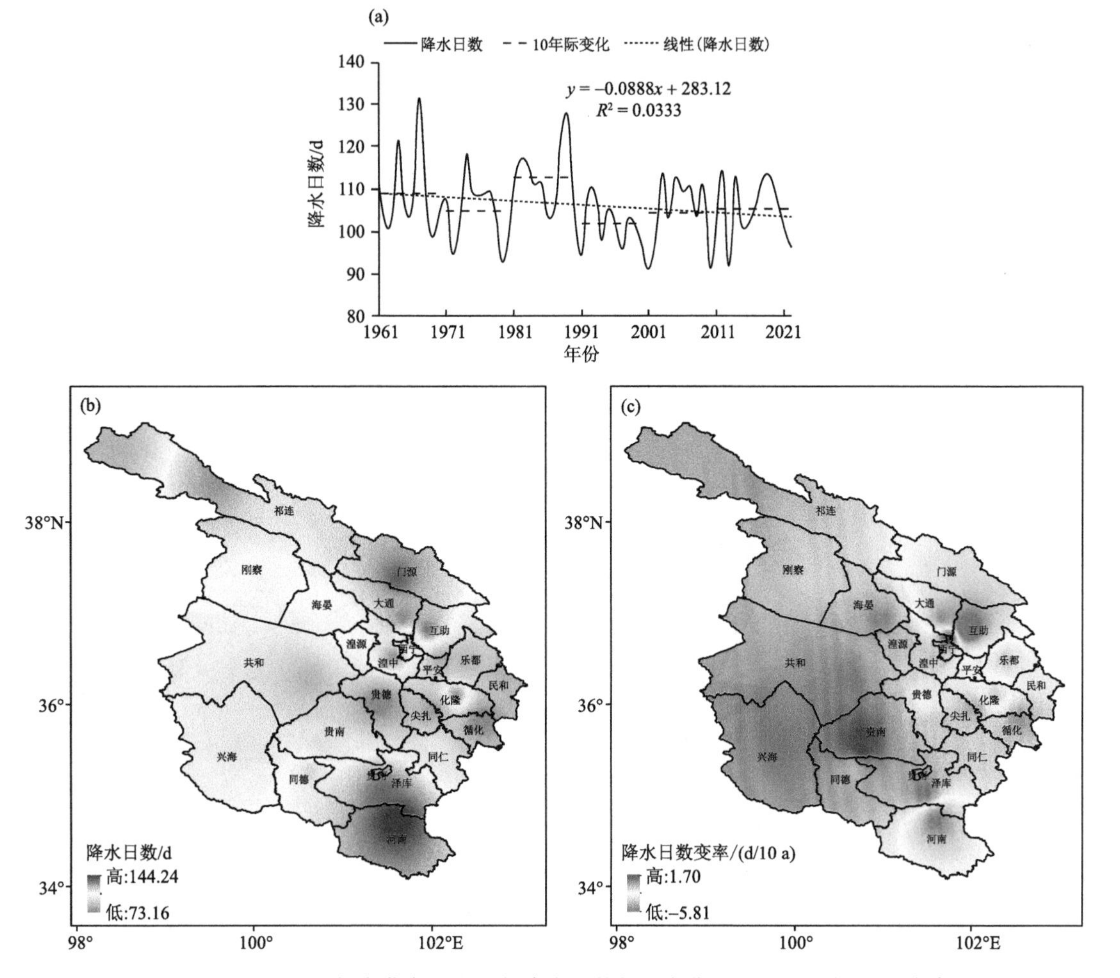

图 4.6　1961—2022 年青藏高原东北部降水日数年际变化(a)、空间分布(b)及变率(c)

130 d(图 4.6b)。

从 1961—2022 年青藏高原东北部各地年降水日数变率来看，托勒、野牛沟、海晏、共和、兴海、贵南、西宁、循化、尖扎、循化总体呈增加趋势，贵南增幅最大，平均每 10 年增加 1.7 d，其余地区均呈现减少趋势，其中互助减幅最大，平均每 10 年减少 5.8 d，其次河南，平均每 10 年减少 3.2 d，其余地区减幅在 3.0 d/(10 a)以内(图 4.6c)。

4.3.2 小雨日数变化特征

1961—2022 年青藏高原东北部平均年小雨日数为 78.8 d，年最多小雨日数为 96.4 d，出现在 1989 年，最少小雨日数为 64.2 d，出现在 2013 年；年小雨日数总体呈减少趋势，平均每 10 年减少 1.38 d，从年际变化来看，20 世纪 80 年代小雨日数最多，为 84.6 d，其次是 60 年代，为82.2 d，2011 年以来最少，为 75.4 d，其余年代小雨日数在 76.4～78.2 d(图 4.7a)。

从青藏高原东北部各地年小雨日数来看，河南最多，平均每年为 105.3 d，贵德最少，为 55.6 d，其次为循化，为 57.6 d，其余地区年小雨日数在 60～100 d(图 4.7b)。

从 1961—2022 年青藏高原东北部各地年小雨日数变率来看，西宁、贵南、泽库呈增加趋

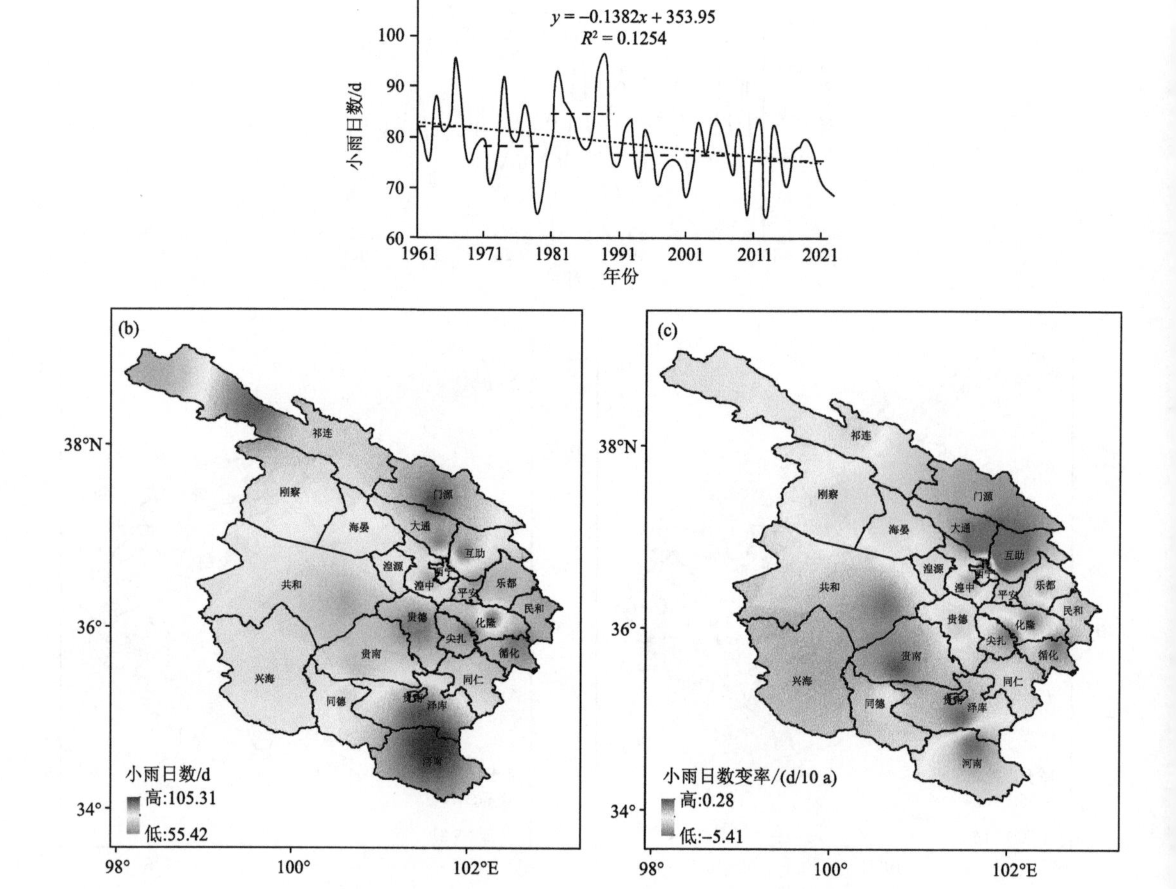

图 4.7　1961—2022 年青藏高原东北部小雨日数年际变化(a)、空间分布(b)及变率(c)

势，西宁增幅最大，平均每 10 年增加 0.3 d，其余地区均呈现减少趋势，其中互助减幅最大，平均每 10 年减少 5.4 d，大通、河南、化隆平均每 10 年分别减少 3.7 d、2.6 d、2.3 d，其余地区减幅在 2.0 d/(10 a)以内(图 4.7c)。

4.3.3　中雨日数变化特征

1961—2022 年青藏高原东北部平均年中雨日数为 16.0 d，年最多中雨日数为 20.6 d，出现在 1967 年，最少中雨日数为 12.2 d，出现在 1991 年；年中雨日数总体呈略增加趋势，平均每 10 年增加 0.11 d，从年际变化来看，20 世纪 90 年代中雨日数最少，为 14.4 d，2011 年以来中雨日数最多，为 16.9 d，其次是 80 年代，为 16.8 d，其余年代中雨日数接近常年值(图 4.8a)。

从青藏高原东北部各地年中雨日数来看，河南最多，平均每年为 22.4 d，循化最少，为 10.0 d，其余地区年中雨日数在 11～20 d(图 4.8b)。

从 1961—2022 年青藏高原东北部各地年中雨日数变率来看，祁连、互助、湟中、民和、尖扎、河南呈减少趋势，互助减幅最大，平均每 10 年减少 0.6 d，其余地区均呈现增加趋势，其中海晏增幅最大，平均每 10 年增加 0.9 d，西宁、贵南、兴海平均每 10 年均增加 0.6 d，其余地区增幅在 0.5 d/(10 a)以内(图 4.8c)。

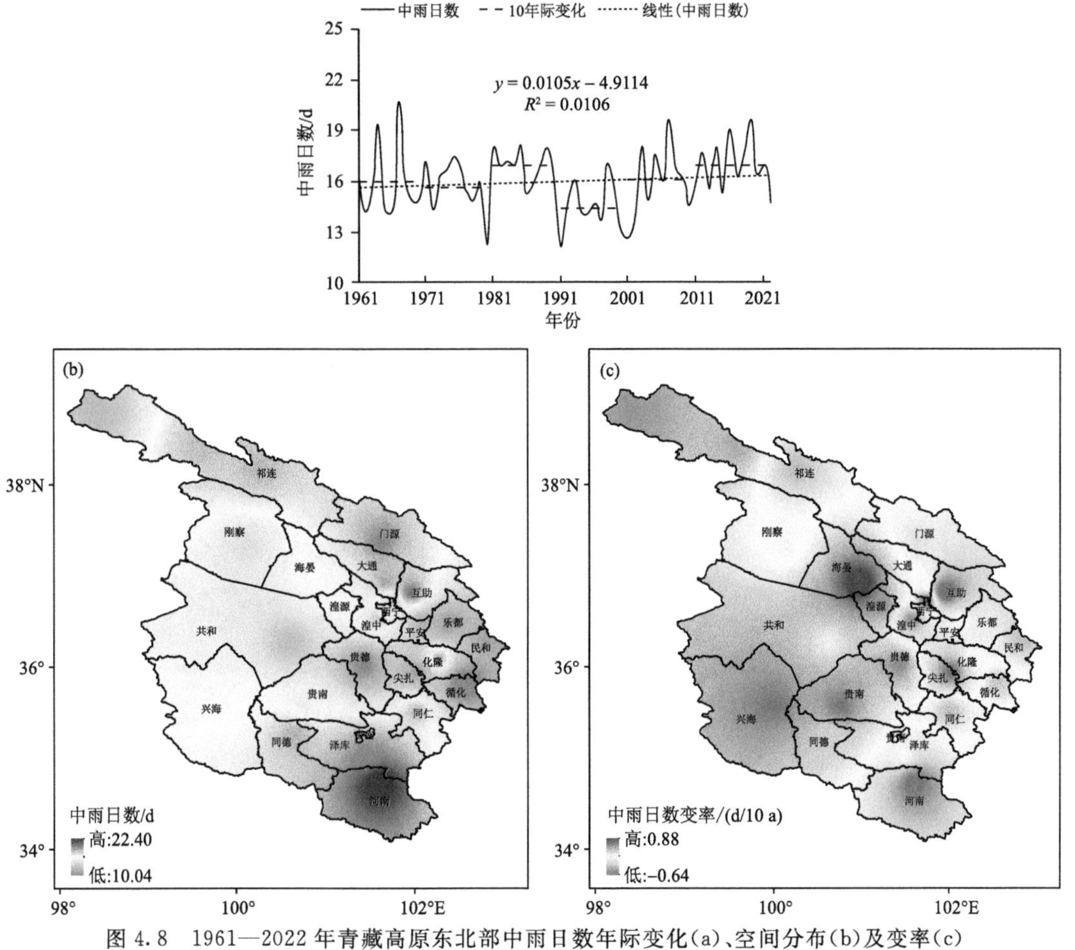

图 4.8　1961—2022 年青藏高原东北部中雨日数年际变化(a)、空间分布(b)及变率(c)

4.3.4 大雨日数变化特征

1961—2022 年青藏高原东北部平均年大雨日数为 10.4 d,年最多大雨日数为 14.8 d,出现在 2018 年,最少大雨日数为 6.8 d,出现在 1966 年;年大雨日数总体呈增加趋势,平均每 10 年增加 0.32 d,从年际变化来看,20 世纪 90 年代大雨日数最少,为 9.5 d,2011 年以来大雨日数最多,为 11.5 d,其次是 21 世纪 00 年代、20 世纪 80 年代,分别为 10.9 d、10.6 d,20 世纪 60 年代、70 年代大雨日数偏少,分别为 9.8 d、9.9 d(图 4.9a)。

从青藏高原东北部各地年大雨日数来看,河南最多,平均每年为 14.8 d,其次为湟中,为 14.5 d,贵德最少,为 6.0 d,其次循化,为 6.3 d,其余地区年大雨日数在 7～14 d(图 4.9b)。

从 1961—2022 年青藏高原东北部各地年大雨日数变率来看,河南呈减少趋势,平均每 10 年减少 0.3 d,其余地区均呈现增加趋势,其中贵南增幅最大,平均每 10 年增加 0.9 d,野牛沟、海晏、平安平均每 10 年均增加 0.7 d,其余地区增幅在 0.7 d/(10 a)以内(图 4.9c)。

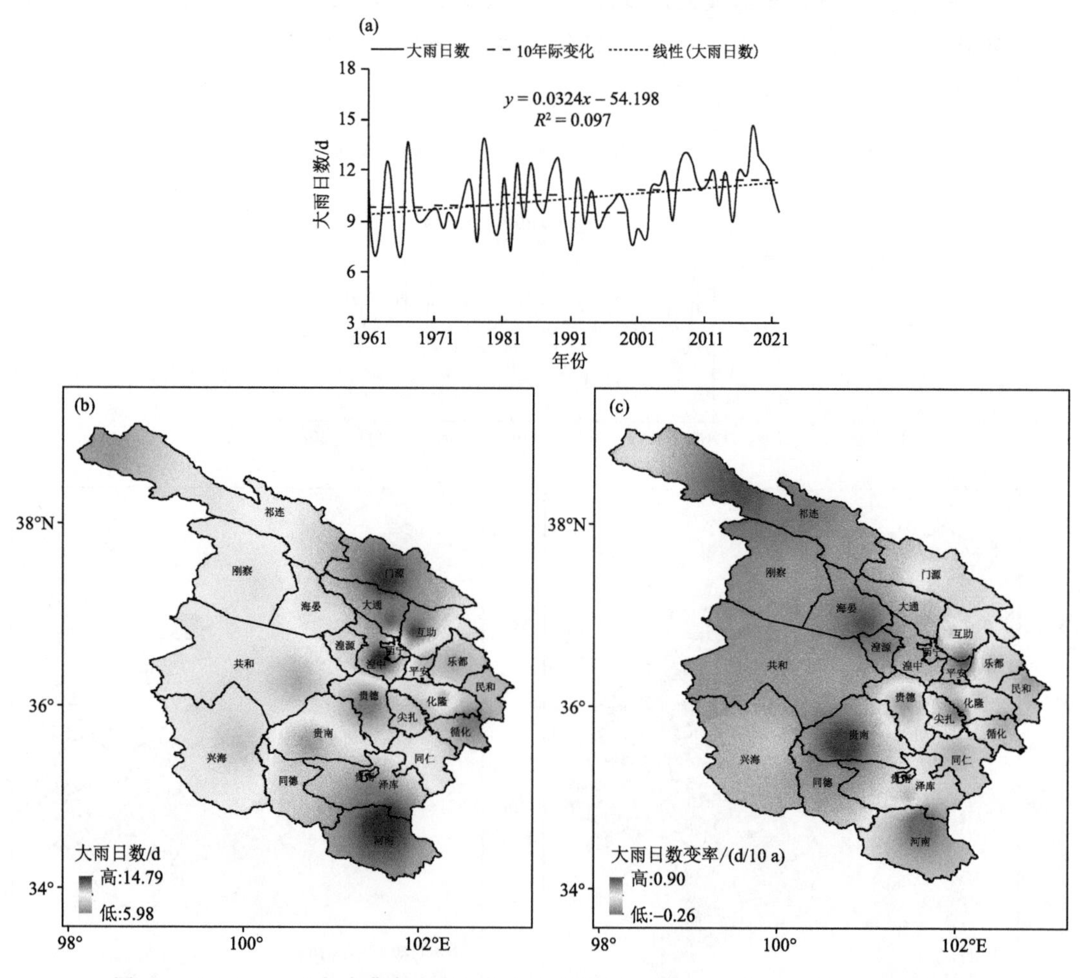

图 4.9 1961—2022 年青藏高原东北部大雨日数年际变化(a)、空间分布(b)及变率(c)

4.3.5 暴雨及以上降水日数变化特征

1961—2022 年青藏高原东北部平均年暴雨日数为 1.1 d，年最多暴雨及以上降水日数为 3.0 d，出现在 1961 年，最少暴雨日数为 0.2 d，出现在 1965 年；年暴雨及以上降水日数总体呈略增加趋势，平均每 10 年增加 0.06 d，从年际变化来看，20 世纪 80 年代暴雨及以上降水日数最少，为 0.8 d，2011 年以来暴雨及以上降水日数最多，为 1.4 d，其次是 90 年代，为 1.2 d，其余年代与平均值基本持平（图 4.10a）。

从青藏高原东北部各地年暴雨及以上降水日数来看，湟中最多，平均每年为 2.2 d，托勒最少，为 0.4 d，平均 2～3 年出现一次暴雨，其余地区年暴雨及以上降水日数在 0.5～1.8 d（图 4.10b）。

从 1961—2022 年青藏高原东北部各地年暴雨及以上降水日数变率来看，湟源、湟中、平安、民和、共和、尖扎呈减少趋势，其中平安减幅最大，平均每 10 年减少 0.2 d，其余地区均呈现增加趋势，其中兴海增幅最大，平均每 10 年增加 0.2 d，其余大部分地区增幅在 0.1 d/(10 a) 以内（图 4.10c）。

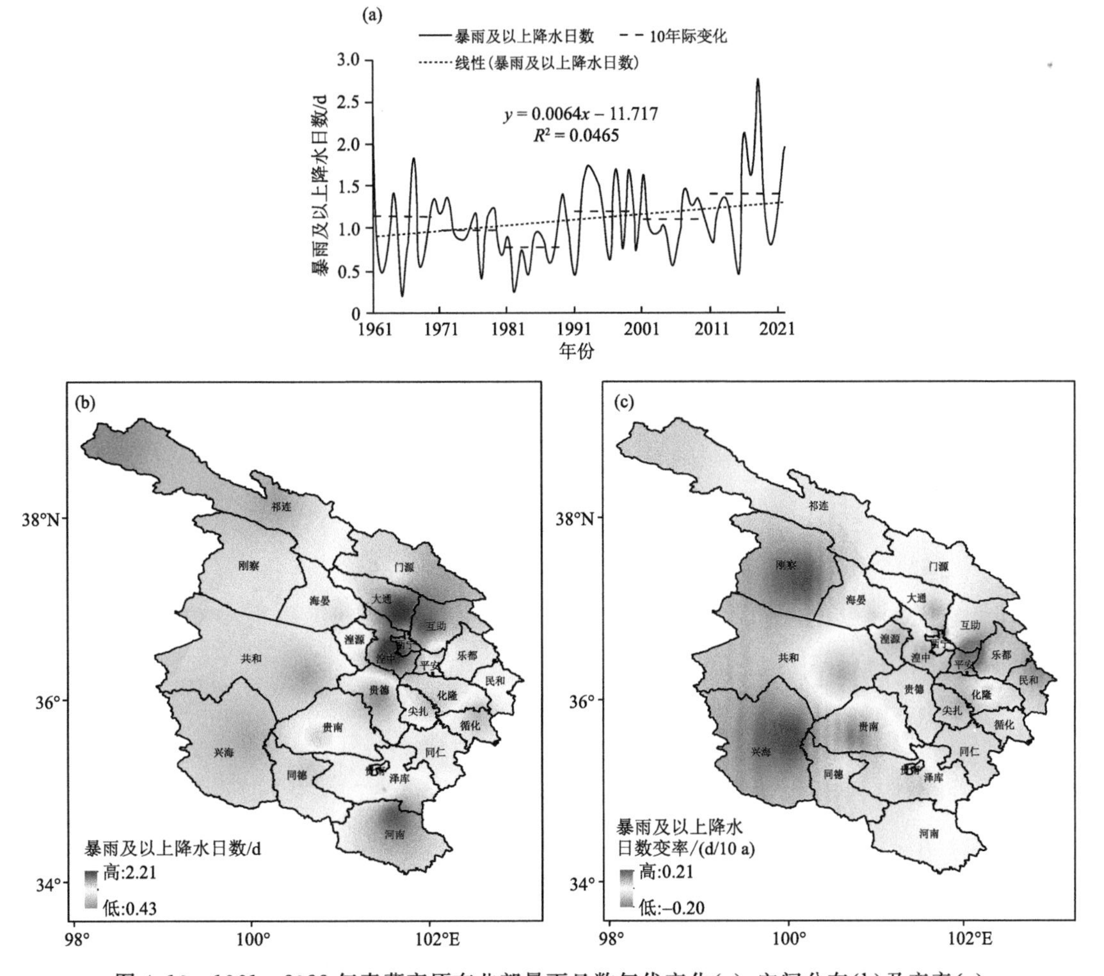

图 4.10　1961—2022 年青藏高原东北部暴雨日数年代变化(a)、空间分布(b)及变率(c)

4.4 小结

1961—2022 年青藏高原东北部年降水量呈增多趋势，平均每 10 年增多 6.57 mm，20 世纪 90 年代降水量最少，2011 年以来降水量最多；春、夏、秋、冬四季降水量均呈增多趋势，冬季增多幅度最小，夏季增多幅度最大；降水偏少年代均出现在 20 世纪，春季 70 年代降水最少，夏、冬季 60 年代降水最少，秋季 90 年代降水最少；降水偏多年代除了冬季出现在 20 世纪 80 年代，其余季节均出现在 2011 年以来。

从青藏高原东北部各地年降水量来看，最大值出现在河南，最小值出现在贵德；分季节来看，各地最大降水量春季出现在门源，夏、秋、冬季均出现在河南；最小降水量春、冬季均出现在循化，秋季出现在托勒，夏季出现在贵德。从青藏高原东北部各地年降水量变率来看，互助减幅最大，贵南增幅最大；分季节来看，各地降水量变率增幅最大春季、夏季出现在贵南，秋季出现在平安，冬季出现在河南；各地降水量变率减幅最小春、夏、冬季均出现在互助，秋季出现在河南。

1961—2022 年青藏高原东北部年降水日数呈略减少趋势，平均每 10 年减少 0.89 d，20 世纪 90 年代降水日数最少，80 年代降水日数最多；小雨日数呈减少趋势，中雨、大雨、暴雨及以上降水日数均呈增多趋势，大雨日数增多幅度最大，暴雨及以上降水日数增多幅度最小；从各级别降水日数偏多年代来看，小雨日数 20 世纪 80 年代最多，中雨、大雨、暴雨及以上降水日数均为 2011 年以来最多；从各级别降水日数偏少年代来看，小雨日数 2011 年以来最少，中雨、大雨日数 20 世纪 90 年代最少，暴雨及以上降水日数 80 年代最少。

从青藏高原东北部各地年降水日数来看，最大值出现在河南，最小值出现在贵德；分级别来看，小雨、中雨、大雨的最多日数均出现在河南，暴雨及以上降水最多日数出现在湟中；小雨、大雨的最少日数均出现在贵德，中雨的最少日数出现在循化，暴雨及以上降水最少日数出现在托勒。从青藏高原东北部各地年降水日数变率来看，互助减幅最大，贵南增幅最大；分级别来看，降水日数变率增幅最大值小雨出现在西宁，中雨出现在海晏，大雨出现在贵南，暴雨及以上降水出现在兴海；降水日数变率减幅最大值小雨、中雨均出现在互助，大雨出现在河南，暴雨及以上降水出现在平安。

第 5 章 暴雨过程特征

5.1 暴雨过程次数

1961—2022 年，青藏高原东北部地区年平均暴雨过程次数为 1.09 次，总体呈增加趋势，增加速率为 0.07 次/(10 a)。从年际变化来看，20 世纪 60—80 年代，暴雨过程次数呈减少趋势，其中 80 年代为年平均暴雨过程次数最少的时间段，仅为 0.78 次，1965 年为年平均暴雨过程次数最少的年份，仅出现 0.22 次。20 世纪 90 年代开始暴雨过程次数呈显著增加趋势，21 世纪 10 年代为年平均暴雨过程次数最多的时间段，为 1.36 次，与最少时段相比偏多 0.58 次，其中 2018 年年平均暴雨过程出现了 2.83 次，为 1961 年以来最多(图 5.1a)。

从空间分布来看，青藏高原东北部地区年平均暴雨过程次数总体呈东多西少的分布趋势。其中湟中为发生暴雨过程次数最多的地区，共出现 2.3 次，其次为大通、西宁、互助、河南、贵南，年平均暴雨过程次数均超过 1.5 次。湟源、乐都、刚察、泽库、民和、尖扎、门源、化隆，年平均暴雨过程次数在 1～1.5 次，贵德、共和、托勒、祁连、野牛沟、平安、循化、海晏、同德、同仁、兴海，年平均暴雨过程次数在 0.5～1 次(图 5.1b)。

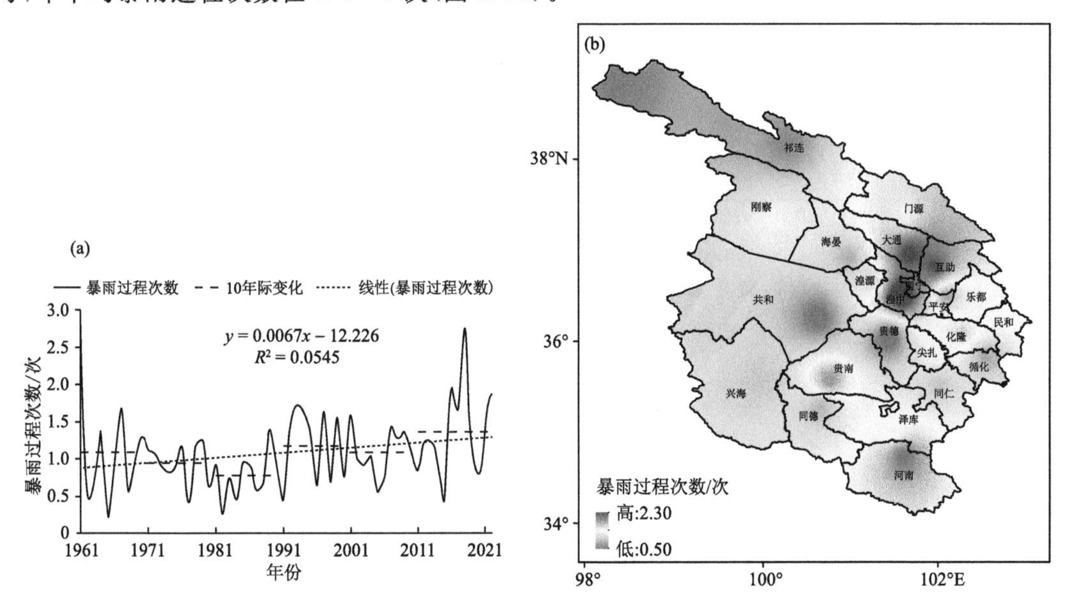

图 5.1　1961—2022 年青藏高原东北部地区暴雨过程次数年际变化(a)及空间分布(b)

5.2 暴雨过程日最大降水量特征

1961—2022 年，青藏高原东北部地区暴雨过程平均日最大降水量为 35.3 mm，呈显著增加趋势，增加速率为 2.31 mm/(10 a)。从年际变化来看，与暴雨过程次数变化趋势基本一致，20 世纪 60—80 年代，暴雨过程日最大降水量呈减少趋势，其中 80 年代为日最大降水量最小的时间段，平均仅为 24.05 mm，其中 1965 年为日最大降水量最小的年份，仅为 5.82 mm。20 世纪 90 年代开始日最大降水量呈显著增加趋势，21 世纪 10 年代为日最大降水量最多的时间段，为 45.59 mm，与最少时段相比偏多 21.54 mm，其中 2018 年日最大降水量为 91.89 mm，为 1961 年以来日最大降水量最多的年份(图 5.2a)。

从空间分布来看，暴雨过程平均日最大降水量总体呈东多西少的分布趋势，尤其东北部地区偏多明显，平均日最大降水量在 14.85～75.99 mm。从各站来看，湟中为暴雨过程平均日最大降水量最多的站点，达 76.0 mm，其次为大通、互助，分别为 70.3 mm、63.86 mm。贵德、共和为暴雨过程平均日最大降水量最少的站点，分别为 14.9 mm、16.8 mm，其次为托勒、祁连，分别为 18.48 mm、21.23 mm(图 5.2b)。

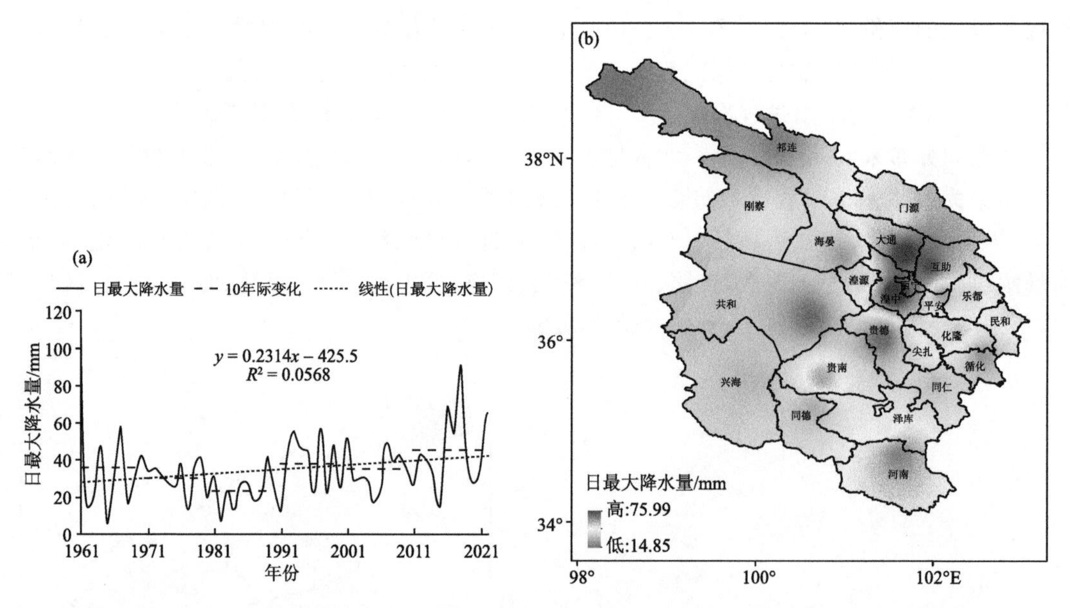

图 5.2 1961—2022 年青藏高原东北部地区暴雨过程日最大降水量年际变化(a)及空间分布(b)

5.3 暴雨过程累计降水量特征

1961—2022 年，青藏高原东北部地区暴雨过程年平均累计降水量为 39.46 mm，总体呈增多趋势，增加速率为 3.03 mm/(10 a)。同暴雨过程次数变化趋势一致，20 世纪 60—80 年代，过程累计降水量呈减少趋势，其中 80 年代为过程平均累计降水量最少的时间段，仅为 26.36 mm，其中 1965 年为过程平均累计降水量最少的年份，仅为 5.82 mm。20 世纪 90 年代开始过程累计降水量呈显著增加趋势，21 世纪 10 年代为过程平均累计降水量最多的时间段，为52.37 mm，与最少时间段相比偏多26.01 mm。其中2018年过程累计降水量为105.21 mm，为1961年以来过程累计降水量最多的年份（图5.3a）。

从空间分布来看，青藏高原东北部暴雨过程平均累计降水量总体分布不均，在16.41～84.62 mm。其中，西宁地区及河南过程累计降水量较大，海南州北部、祁连山西段过程累计降水量较少。从各站来看，互助、河南、大通、湟中年均累计降水量均超过70 mm，分别为70.2 mm、72.76 mm、81.35 mm、84.64 mm；其次为化隆、门源、贵南、西宁，均超过50 mm，分别为51.47 mm、51.95 mm、59.96 mm、65.1 mm（图5.3b）。

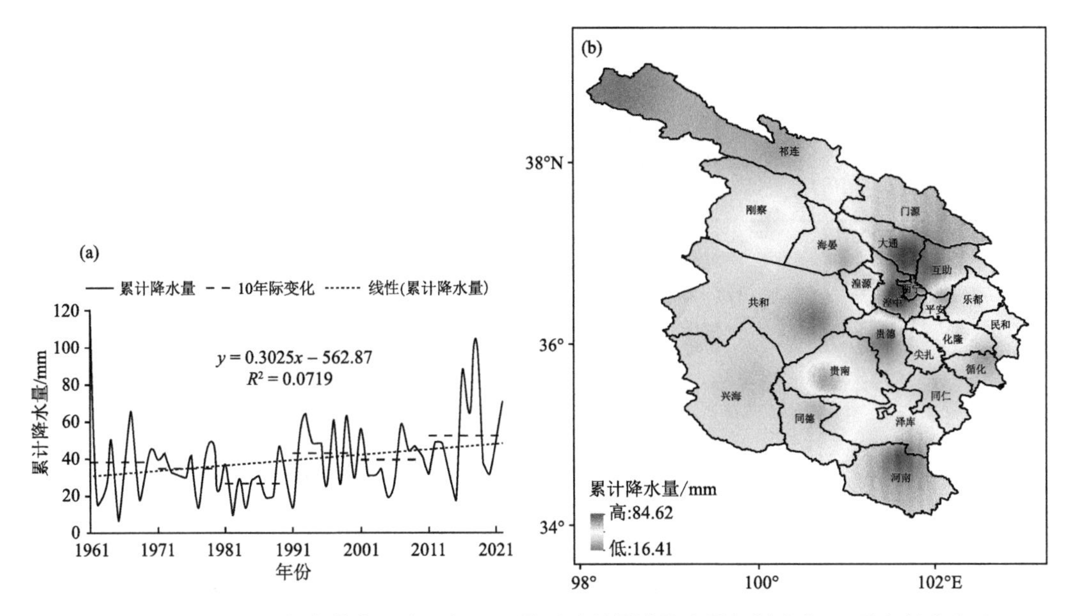

图5.3 1961—2022年青藏高原东北部地区暴雨过程累计降水量年际变化(a)及空间分布(b)

5.4 暴雨过程持续天数特征

1961—2022年，青藏高原东北部地区年平均暴雨过程持续天数为1.35 d，总体呈微弱增多趋势，增加速率为0.11 d/(10 a)。从年际变化来看，暴雨过程持续天数年际变化不一，其中20世纪60年代、70年代以及21世纪初，暴雨过程持续天数基本一致，均为1.2 d，其中20世纪80年代平均暴雨过程持续天数最少，仅为0.94 d，21世纪10年代平均暴雨过程持续天数最长，为1.76 d，其次为20世纪90年代，为1.48 d，其中平均暴雨过程持续天数最少的年份为1965年，为0.22 d，平均暴雨过程持续天数最多的年份为2018年，为3.64 d（图5.4a）。

从空间分布来看，青藏高原东北部地区年平均暴雨过程持续天数总体分布不均，西宁市的辖区、大通、湟中，祁连的刚察，海东市的互助以及海南州的贵南和黄南州的河南持续天数较多，祁连山西段、海东大部、海南大部以及黄南北部持续天数较少。其中，西宁、贵南、互助、大通、河南、湟中平均暴雨过程持续天数均超过2 d，分别为2.13 d、2.2 d、2.33 d、2.67 d、2.73 d、2.83 d，贵德、托勒、共和、平安平均暴雨过程持续天数均在1 d以内，分别为0.6 d、0.67 d、0.67 d、0.97 d（图5.4b）。

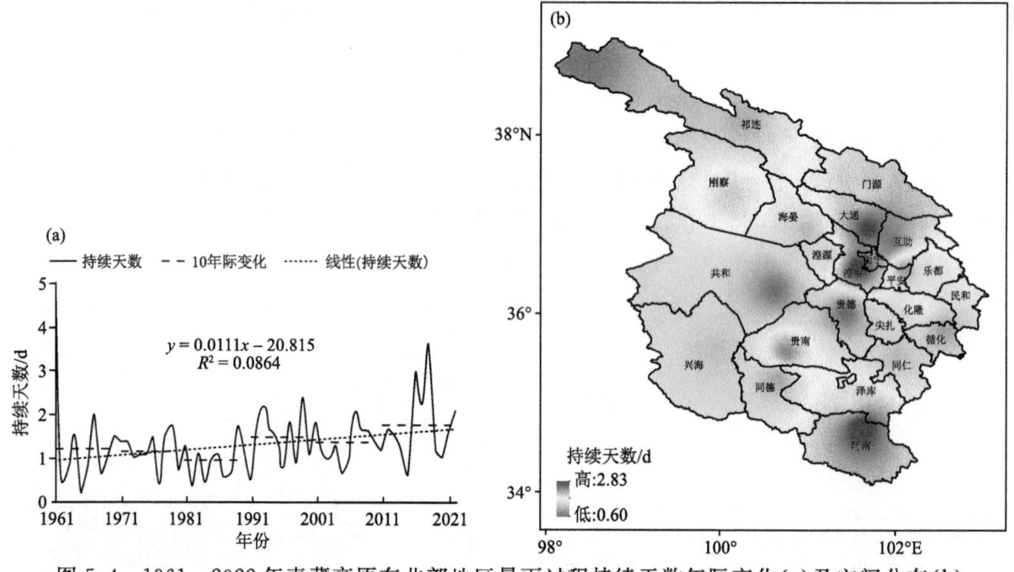

图 5.4 1961—2022 年青藏高原东北部地区暴雨过程持续天数年际变化(a)及空间分布(b)

5.5 暴雨过程强度特征

根据暴雨过程的持续天数、日最大降水量、累计降水量计算暴雨过程强度指数,其值越大则造成灾害的可能性就越高。

1961—2022 年,青藏高原东北部地区暴雨过程强度指数总体呈增加趋势,增加速率为 0.01/(10 a)。从年际变化来看,20 世纪 60 年代、70 年代以及 21 世纪初,暴雨过程强度基本一致,其中 20 世纪 80 年代暴雨过程强度最小,21 世纪 10 年代暴雨过程强度指数最大,其次为 20 世纪 90 年代。其中暴雨过程强度最大的年份为 2016 年,暴雨过程强度最小的年份为 1965 年(图 5.5a)。

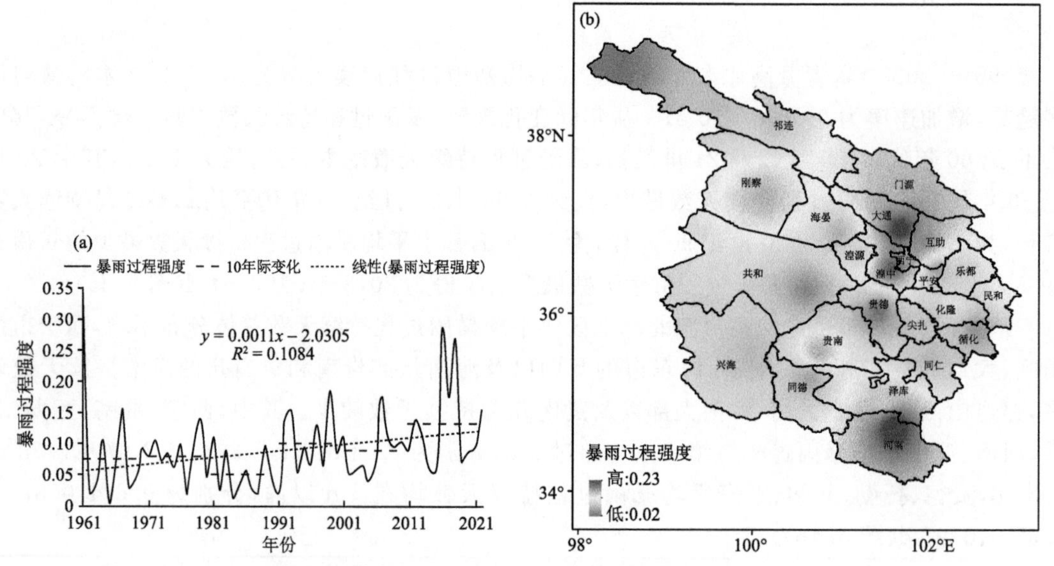

图 5.5 1961—2022 年青藏高原东北部地区暴雨过程强度年际变化(a)及空间分布(b)

在空间分布上，青藏高原东北部地区暴雨过程强度总体分布不均，其中西宁市的辖区、大通、湟中，海东市的互助，海北州的刚察，黄南州的河南，海南州的贵南暴雨过程强度较高，祁连山西部、海南州北部、黄南州北部以及循化、海晏暴雨过程强度较低，其中大通的暴雨过程强度最高，托勒的暴雨过程强度最低(图 5.5b)。

第 6 章 暴雨灾害风险评估

暴雨灾害是指由于连续性降水或短时强降水引发的流域洪水、山洪、城市内涝等具有破坏性的气象灾害，其造成的经济损失在其他各类灾害中占相当大比重，约占全部自然灾害损失的60%以上，严重威胁生态环境、社会发展和生命财产安全。暴雨灾害风险是指暴雨灾害对区域内人民生命安全、财产、社会经济等造成危害及影响的可能性。暴雨灾害风险评估是综合考虑暴雨灾害危险性、孕灾环境敏感性、承灾体暴露度以及防灾减灾能力等，对暴雨灾害风险进行估算评价的过程。暴雨灾害风险区划是在暴雨灾害对不同承灾体风险评估结果的基础上，综合考虑行政区划，对暴雨灾害风险进行基于空间单元的划分。

通过第一次全国自然灾害综合风险普查工作的开展，在暴雨灾害风险评估过程中主要是通过确定暴雨过程，再基于暴雨过程中各致灾因子指标的确定来计算暴雨过程强度，从而进一步计算得出暴雨灾害致灾危险性指数。通过暴雨灾害致灾危险性与孕灾环境敏感性、承灾体暴露度相结合，开展暴雨灾害风险评估和区划，进一步结合预报预测数据，开展暴雨灾害风险预估业务。

6.1 暴雨灾害致灾因子及其过程强度特征

根据青海省降雨特征及规律，规定日降水量≥25 mm 的降雨为暴雨，日降水量≥50 mm 的降雨为大暴雨。将单站中雨日(降水量≥10 mm)持续天数≥1 d，且过程期间出现暴雨日(降水量≥25 mm)的降水过程称为一次暴雨过程。结合历年暴雨灾情，筛选确定暴雨过程中的过程累计降水量、过程日最大降水量、过程持续天数三个指标为暴雨灾害致灾因子，首先对各指标进行归一化处理(公式 6.1)，以消除各指标之间的量纲差异，并通过致灾危险性指数模型(公式 6.2)计算暴雨过程强度指数，三个指标的权重采用信息熵赋权法计算获得。

标准化计算公式如下：

$$I_{ij} = \frac{A_{ij} - A_{i\min}}{A_{i\max} - A_{i\min}} \tag{6.1}$$

式中：I_{ij} 为 j 站点第 i 个指标的归一化值；A_{ij} 为 j 站点第 i 个指标值；$A_{i\min}$ 和 $A_{i\max}$ 分别为第 i 个指标值中的最小值和最大值。

暴雨过程强度计算公式如下：

$$\mathrm{IR} = A \times R_{24\mathrm{pre}} + B \times R_{\mathrm{pre}} + C \times R_{\mathrm{day}} \tag{6.2}$$

式中：IR 为暴雨过程强度指数；$R_{24\mathrm{pre}}$ 为暴雨过程日最大降水量指数；R_{pre} 为过程累计降水量指

数；R_{day}过程持续天数指数；A、B、C为3个指数的权重，权重系数采用信息熵赋权法计算获得。

累加当年逐场暴雨过程强度值，得到年雨涝指数。计算公式如下：

$$E=\sum_{i=1}^{n}\mathrm{IR}_i \tag{6.3}$$

式中：E为雨涝指数；IR_i为第i场暴雨过程强度；n为暴雨过程次数。

以不少于30年的所有暴雨过程的强度指数为样本，采用百分位数法，划分为一般、偏强、强及极端4个等级（表6.1）。等级达到Ⅰ级、Ⅱ级的事件分别称作极端事件、强事件。

表6.1　暴雨过程强度的等级划分方法及评估

百分位范围(R)	$R\leqslant50\%$	$50\%<R\leqslant75\%$	$75\%<R\leqslant90\%$	$R>90\%$
等级	Ⅳ	Ⅲ	Ⅱ	Ⅰ
评估	一般	偏强	强	极端

年雨涝指数：累加当年逐场暴雨过程强度值，得到年雨涝指数。

6.2　暴雨灾害致灾危险性评估和区划

暴雨灾害致灾危险性主要考虑暴雨事件和孕灾环境，由年雨涝指数和暴雨孕灾环境影响系数两部分组成。暴雨孕灾环境指对暴雨成灾危险性起扩大或缩小作用的外界环境。

暴雨灾害致灾危险性计算公式为：

$$\mathrm{EV}=(1+\mathrm{ER})\times E \tag{6.4}$$

式中：EV为暴雨灾害致灾危险性指数；ER为暴雨灾害孕灾环境影响系数；E为雨涝指数。

根据计算得出的致灾危险性指数，采用自然断点法将风险等级划分为Ⅰ级至Ⅳ级，共4个等级，分别对应危险性高、较高、较低、低（表6.2）。

表6.2　基于百分位数法的暴雨灾害致灾危险性等级划分

百分位范围(R)	$R\leqslant50\%$	$50\%<R\leqslant75\%$	$75\%<R\leqslant90\%$	$R>90\%$
等级	Ⅳ	Ⅲ	Ⅱ	Ⅰ
危险性	低	较低	较高	高
等级阈值	$R\leqslant0.65$	$0.65<R\leqslant0.70$	$0.70<R\leqslant0.80$	$R\geqslant0.80$

通过青藏高原东北部地区各站暴雨过程日最大降水量、过程累计降水量和过程持续天数计算出各站的雨涝指数，通过地形坡度、地形起伏度、河网密度、距水体距离和植被覆盖度等计算暴雨灾害的孕灾环境影响系数，基于公式(6.4)计算青藏高原东北部地区暴雨灾害致灾危险性指数，得出：

青藏高原东北部地区暴雨灾害致灾危险性总体呈东高西低的分布趋势，其中大通、西宁、湟源、湟中、门源、互助、刚察、海晏、贵南、河南、泽库的部分地区为暴雨灾害致灾的高危险区，乐都、民和、化隆、循化、同仁、尖扎、平安部分地区为暴雨灾害致灾的较高危险区，其他地区为暴雨灾害致灾的较低危险区和低危险区（图6.1）。

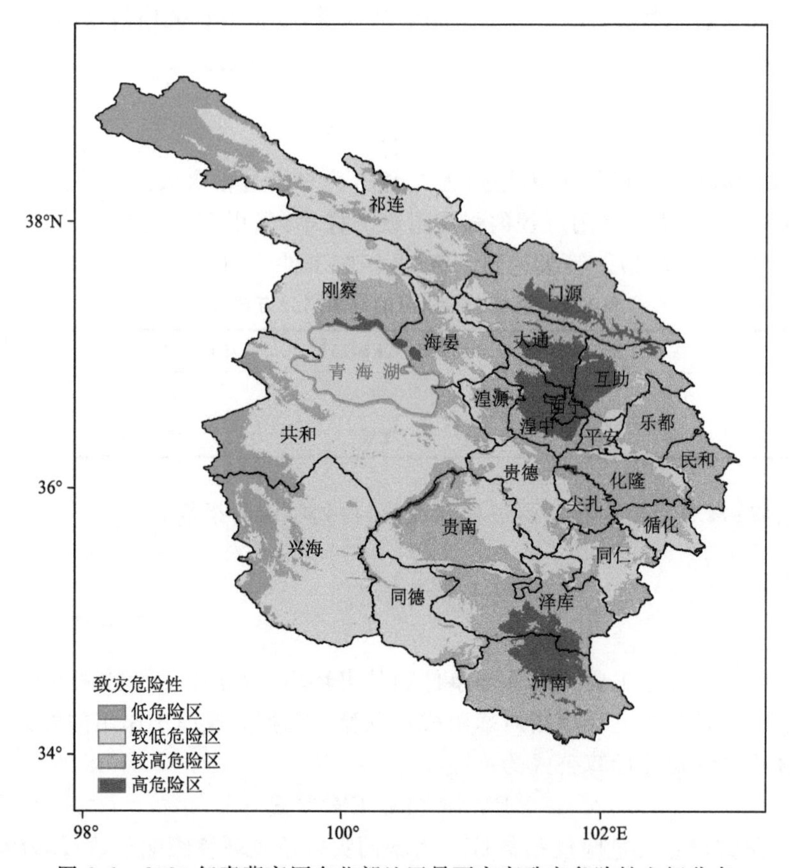

图 6.1　2020 年青藏高原东北部地区暴雨灾害致灾危险性空间分布

6.3　承灾体特征分析

6.3.1　技术方法

6.3.1.1　空间分析技术

针对暴雨灾害孕灾环境及承灾体的各影响指标，运用空间分析技术来进行量化，主要运用邻域分析、密度分析、缓冲区分析等方法分析 DEM(数字高程模型)高程、水系分布、植被覆盖度、人口、GDP 及耕地类型等空间数据。

重新分类：识别高程和土地利用类型的影响，需要根据输入数据对原始数据进行重新分类赋值。采用 ArcGIS 中的重新分类工具(Resample)对数据进行重新分类，其原理是根据原始栅格的数据分布及其对气象灾害的作用，对栅格值进行重新分类赋值。

邻域分析：在 ArcGIS 中运用领域分析工具对 DEM 进行计算，得到高程标准差，根据目标格点所识别出的领域范围(以目标格点为中心 10 个栅格的正方形范围)，计算出指定的统计数据。

密度分析：通过河网密度及交通密度来反映河网水系及交通的密集程度，在河网及交通矢量文件的基础上，利用 ArcGIS 中密度分析工具进行计算得到，其原理是以目标各点为中心，取一定半径长度的圆，计算该范围内所有河流的长度总和，然后除以该圆面积，得到的值即为目标格点的值。

缓冲区分析：分析水体的影响时，需要分析水体对周边地区的影响，并且根据距离水体的远近来进行分级赋值。运用 ArcGIS 中缓冲区分析工具来进行计算，在点、线、面的周围，自动建立一定宽度的面作为地理空间目标的一种影响范围。

叠加分析：运用 ArcGIS 中栅格计算器对数据进行空间叠加分析，使多种遥感数据可以在空间上进行叠加计算，然后得到多种条件影响下的最终结果。

6.3.1.2　权重确定、等级划分方法

专家打分及层次分析法：运用专家打分结合层次分析法为各孕灾环境及承灾体因子指标定权重。首先，根据层次分析法构造指标递阶层次结构，将孕灾环境及承灾体指标划分成相关联的有序层次，使之条理化；其次，通过定量分析与定性分析相结合，请专家对各指标两两比较重要性并进行打分，评估各孕灾环境及承灾体指标的相对重要性；最后，计算各指标权重，层层得出各层对上层因子的权重，最终确定目标层权重。层次分析法确定权重分为三步：构建判断矩阵、计算权重向量、一致性检验。

自然断点分级法：区划等级划分方法采用自然断点分级法。自然断点分级法运用统计方法来确定属性值的自然聚类，主要是为了减少同一级中的差异、增加级间的差异，计算公式如下：

$$\mathrm{SSD}_{i-j} = \sum_{k=i}^{j} (A[k] - \mathrm{mean}_{i-j})^2 \qquad (1 \leqslant i \leqslant j \leqslant N) \tag{6.5}$$

也可表示为：

$$\mathrm{SSD}_{i-j} = \sum_{k=i}^{j} A\,[k]^2 - \frac{\left(\sum_{k=i}^{j} A[k]\right)^2}{j-i-1} \qquad (1 \leqslant i \leqslant j \leqslant N) \tag{6.6}$$

式中：A 是一个数组（数组长度为 N）；mean_{i-j} 为每个等级中的平均值。

6.3.1.3　像元二分模型

提取 MOD13Q1 遥感数据中的植被指数波段（NDVI），运用像元二分模型计算得到植被覆盖度。像元二分模型是假设像元仅由植被覆盖地表与无植被覆盖地表两部分构成，其中植被覆盖地表占像元的百分比即为该像元的植被覆盖度，这种方法常用于计算区域尺度的植被覆盖度，是目前较为实用的遥感估算植被覆盖度模型。计算公式如下：

$$\mathrm{FVC} = \frac{\mathrm{NDVI} - \mathrm{NDVI}_{soil}}{\mathrm{NDVI}_{veg} - \mathrm{NDVI}_{soil}} \tag{6.7}$$

式中：NDVI_{soil} 为完全是裸土或无植被覆盖区域的 NDVI 值；NDVI_{veg} 为完全被植被所覆盖区域的 NDVI 值，即纯植被像元的 NDVI 值；NDVI_{soil} 和 NDVI_{veg} 的取值是像元二分模型应用的关键。

6.3.2　地形影响指标

6.3.2.1　地形影响指标分布特征

青藏高原东北部地势总体呈东部低、南北部高，其中湟中、西宁大通、互助、平安、乐都、民和、贵德、尖扎、化隆、循化及共和南部处于盆地及河谷地带（图 6.2a），通常表现为凹地形的盆地、河谷等低洼地域，常易发生积水，同时受水流影响，更易引发附近山体发生泥石流、滑坡等

次生灾害。因此,将地形影响指标作为暴雨风险评估的重要指标十分必要,本书主要选择地形起伏和坡度两个因子进行综合分析。

地形起伏是根据地势和地形变化两个因子综合计算得到,其中地势通过高程来反映,地形变化则通过高程标准差来反映。根据青海省特有的地理环境,将地势分为 4 级:一级≤3000 m、3000 m<二级<3800 m、3800 m≤三级<4600 m、四级≥4600 m,将地形分为 3 级:一级≤1 m、1 m<二级<10 m、三级≥10 m,将地势及地形变化的不同组合进行赋值(表 6.3),地势越低、地形变化越小的平坦地区不利于洪水的排泄,容易形成暴雨洪涝灾害。从地形起伏分布情况可以看出(6.2b),西宁、大通、湟中、互助、平安、乐都、民和、贵德、贵南、化隆、循化及共和南部地形起伏影响较高,指标值平均大于 0.7。

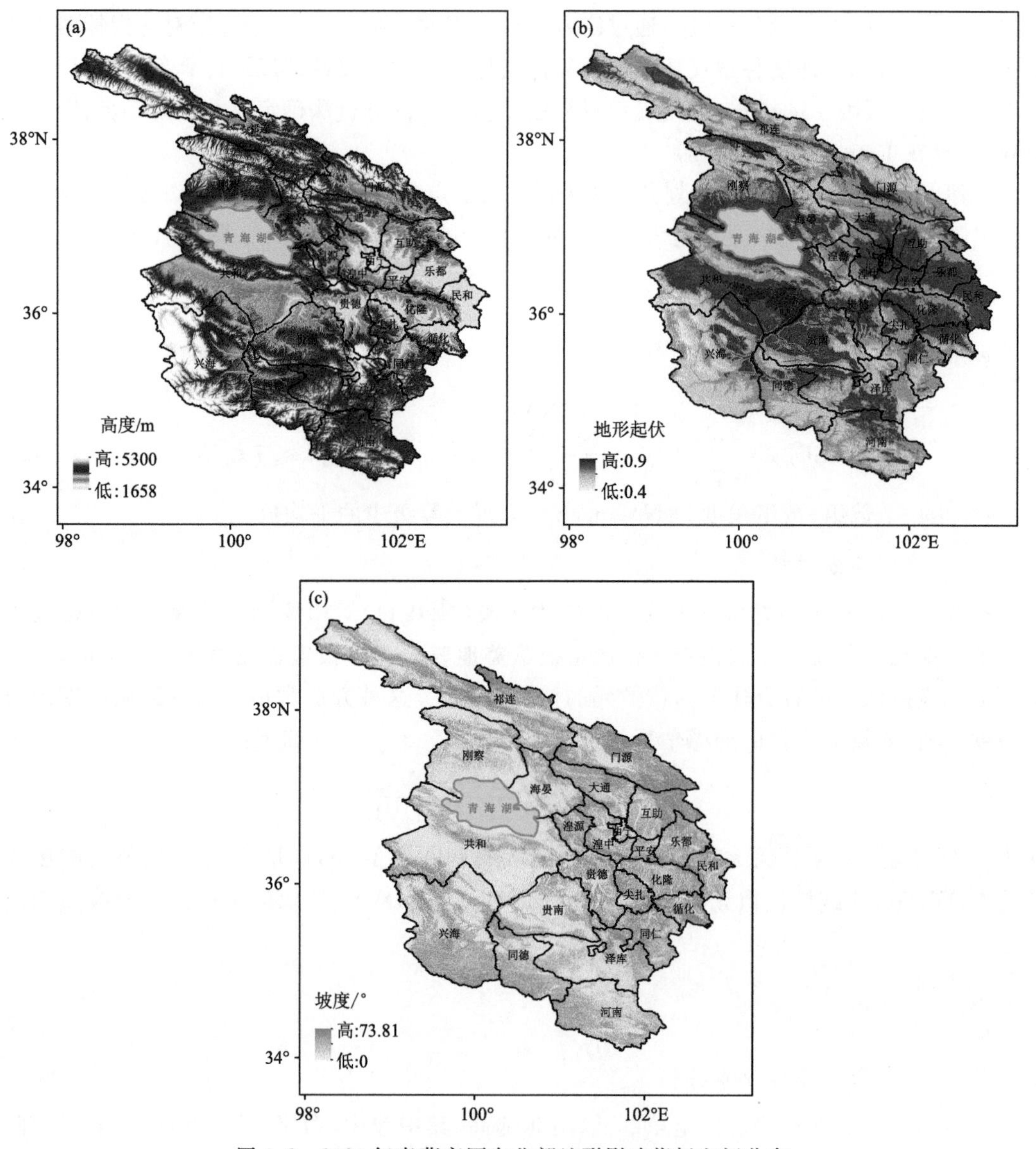

图 6.2　2020 年青藏高原东北部地形影响指标空间分布
(a. 高程,b. 地形起伏,c. 坡度)

坡度是暴雨洪涝灾害引发滑坡、泥石流等地质灾害发生的重要因素之一，坡度的变化对斜坡的稳定性及斜坡上松散物质的堆积厚度起着决定性的控制作用，但并非坡度越大，滑坡、泥石流等地质灾害发生概率越高，而是在一定坡度范围内孕灾环境敏感度较高，其中 0°～15°范围内地势平坦，灾害不易发生，15°～35°范围内坡面松散，堆积物较多，承重能力较弱，坡体不稳定，极易发生灾害，坡度大于 35°以上的坡体通常植被盖度较高，坡面堆积物较少，灾害发生较少。对青藏高原东北部坡度分类可以看出，东南部及西南部边缘地区坡度处于 15°～35°范围内，属于极易孕育灾害的区域，该范围面积占比达到 34.2%(图 6.2c)。

表 6.3　地形起伏指标赋值

地势 (单位：m)	地形变化(单位：m)		
	一级(≤1)	二级(＞1,＜10)	三级(≥10)
一级(≤3000)	0.9	0.8	0.7
二级(＞3000,＜3800)	0.8	0.7	0.6
三级(≥3800,＜4600)	0.7	0.6	0.5
四级(≥4600)	0.6	0.5	0.4

6.3.2.2　地形对暴雨灾害的影响

对地形起伏、坡度分别进行归一化处理后，采用加权综合评价法对其进行加权计算，最终得到地形影响指数来反映地形对暴雨灾害的影响，计算公式如下：

$$\text{地形影响指数} = 0.5 \times \text{地形起伏} + 0.5 \times \text{坡度} \tag{6.8}$$

根据地形影响指数的大小，采用自然断点法将地形对暴雨灾害的影响分为低、中、高敏感性区域，高敏感区主要在湟中、西宁、大通东部、门源东南部、互助、乐都、平安、民和、化隆、循化、尖扎东南部、贵德中部、共和东南部，且乡镇大多分布在地形敏感性较高的区域，其他地区为中—低敏感区(图 6.3)。地形影响敏感性越高，则表示地形起伏越大，坡度处于易发生滑坡、泥石流范围，更容易孕育暴雨洪涝灾害。

6.3.3　水体影响指标

6.3.3.1　水体影响指标分布特征

水体影响指标主要选择河网密度和距离水体远近两个因子。河网密度是指单位面积上的河流总长度，该指标能够真实地反映出某地区河流的密集程度，是暴雨灾害孕灾环境的重要指标，青藏高原东北部地区河网密度在青海湖周边较为密集，其次为泽库、同德、贵德、贵南一带(图 6.4a)，河网越密集的地区，越容易诱发暴雨灾害。

距离水体远近的影响则采用缓冲区实现，将河流、湖泊分级，河流分为两级，其中一级河流包括长江、黄河等大水系的干流，二级河流包括大水系的支流及其他河流等，湖泊、水库按水域面积分为 4 级：0.2 km^2＜一级≤200 km^2、200 km^2＜二级≤400 km^2、400 km^2＜三级≤1000 km^2、四级＞1000 km^2，对不同等级河流、水体进行缓冲区分析，按距离水体远近分为一级缓冲区和二级缓冲区(表 6.4 和表 6.5)，以一级河流和大型水体的一级缓冲区赋值最大，二级河流和小型水体的二级缓冲区赋值最小的原则对各等级缓冲区进行赋值。根据距离水体远近分析结果可以看出(图 6.4b)，贵德、尖扎、循化、化隆等地距离大型水体、湖泊及一级河流较近的区域较

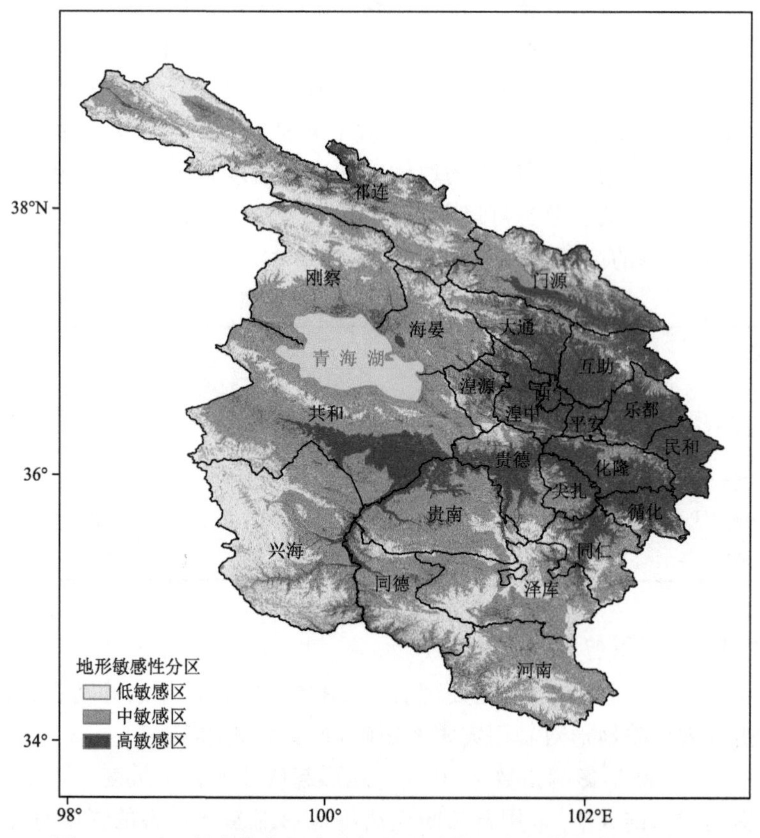

图 6.3　2020 年青藏高原东北部地形对暴雨灾害的影响空间分布

多，其次为刚察、海晏、门源、大通、湟源、湟中、西宁、互助、乐都等地，距离河流、湖泊、大型水库等越近的地区，越容易诱发暴雨灾害。

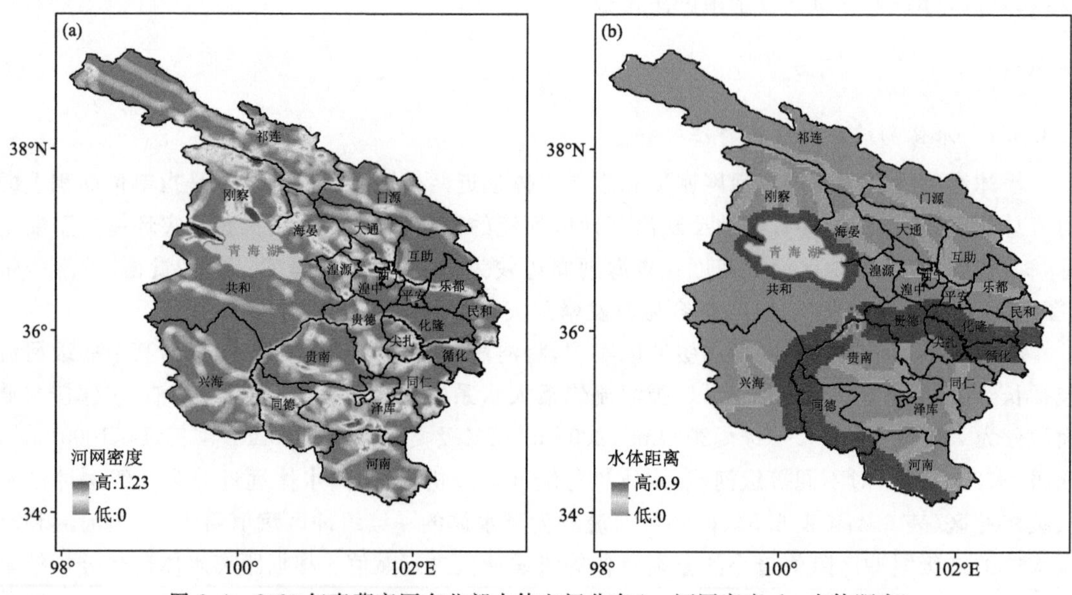

图 6.4　2020 年青藏高原东北部水体空间分布（a. 河网密度，b. 水体距离）

表6.4　河流缓冲区等级和宽度划分标准

缓冲区宽度(单位:km)			
一级河流		二级河流	
一级缓冲区	二级缓冲区	一级缓冲区	二级缓冲区
8	12	6	10

表6.5　水体缓冲区等级和宽度划分标准

水体面积(单位:km^2)	缓冲区宽度(单位:km)	
	一级缓冲区	二级缓冲区
一级(>0.2,≤200)	0.5	1
二级(>200,≤400)	2	4
三级(>400,≤1000)	3	6
四级(>1000)	4	8

6.3.3.2　水体对暴雨灾害的响应

对河网密度和距离水体远近分别进行归一化处理后,采用加权综合评价法对其进行加权计算,最终得到水体影响指数来反映水体对暴雨灾害的影响,计算公式如下:

$$\text{水体影响指数} = 0.5 \times \text{河网密度} + 0.5 \times \text{距离水体远近} \tag{6.9}$$

根据水体影响指数大小,采用自然断点法将水体对暴雨灾害的影响分为低、中、高敏感性区域,高敏感区主要在北部及东南部河流、湖泊水体密集的地区,其他区域为中—低敏感区(图6.5),且乡镇多分布在水体高敏感区域。水系影响敏感性越高,则表示河网相对密集,距离河流、湖泊、大型水库等较近,容易孕育暴雨洪涝灾害。

6.3.4　植被影响指标

植被影响指标通过植被覆盖度因子来反映。植被覆盖度是指植被(包括叶、茎、枝)在地面的垂直投影面积占统计区域总面积的百分比,它是衡量地表植被状况的一个重要指标。植被覆盖度可以采用遥感估算的方法得到,这种方法常用于计算区域尺度的植被覆盖度,目前较为实用的遥感估算模型为像元二分模型,因此,运用像元二分模型计算得到青藏高原东北部植被覆盖度分布情况。

从图6.6a可以看出,青藏高原东北部以高植被覆盖度为主,而中、低植被覆盖度仅在共和及贵德南部,青藏高原东北部的乡镇也多分布在植被覆盖度较高的区域,植被具有强烈的水土保持功能,植被覆盖度越高,表示一个地方的植被越多,其水土保持能力越强,孕育暴雨洪涝灾害的风险越小。根据近20年植被覆盖度的变化趋势来看(图6.6b),青藏高原东北部植被覆盖度整体呈不变—增长的趋势,中部地区以增长为主,北部及南部则保持不变,西宁、湟中等地的零星区域呈减少趋势,同时从2005年、2010年、2015年、2020年每隔5年的分布情况也可以看出,低、中植被覆盖度的区域在共和、贵德、西宁、乐都、民和等地持续缩小(图6.7)。

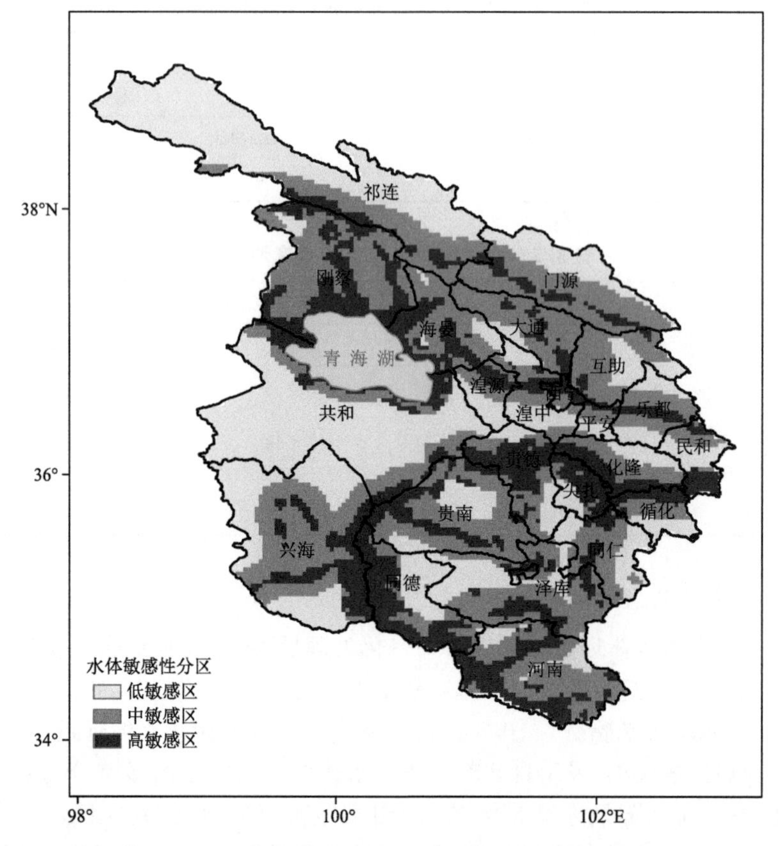

图 6.5　2020 年青藏高原东北部水体对暴雨灾害的影响空间分布

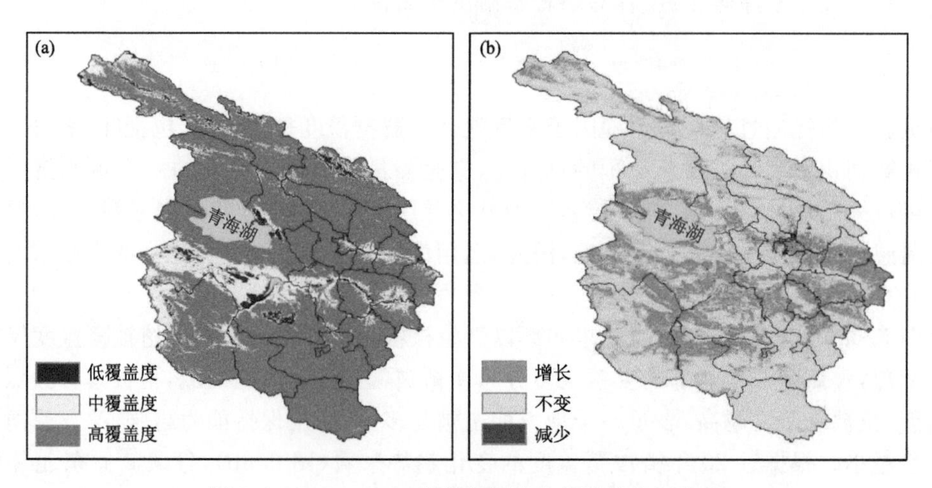

图 6.6　2001—2020 青藏高原东北部植被空间分布

（a. 植被覆盖度，b. 变化趋势）

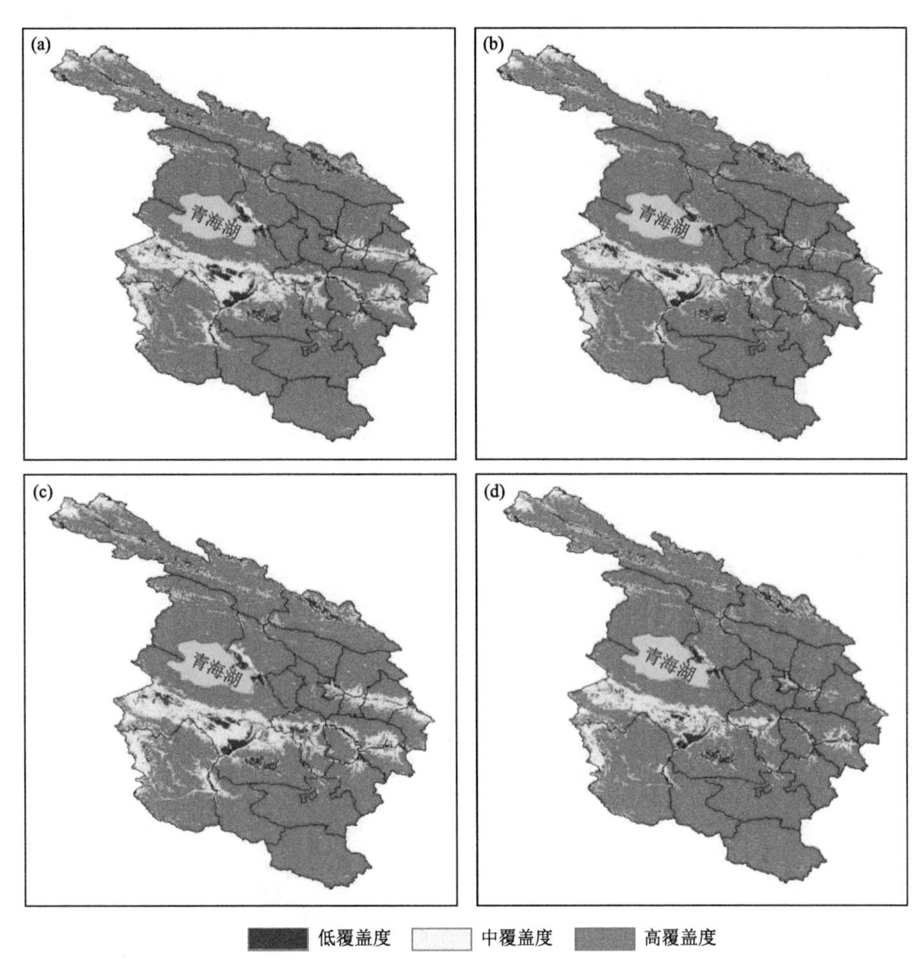

图6.7　2005年(a)、2010年(b)、2015年(c)及2020年(d)青藏高原东北部植被空间分布

6.3.5　暴雨灾害孕灾环境敏感性

6.3.5.1　孕灾环境各指标权重计算

根据暴雨灾害形成的背景与机理，选择地形、水系及植被等下垫面指标建立孕灾环境评估模型，分析孕灾环境对暴雨洪涝灾害形成的影响。通过专家打分及层次分析法确定各指标的权重(表6.6)，结果通过一致性检验(CR<0.1)，得到暴雨灾害孕灾环境敏感性评估模型如下：

$$孕灾环境敏感性 = 0.54 \times 地形指标 + 0.30 \times 水系指标 + 0.16 \times 植被指标 \quad (6.10)$$

表6.6　青藏高原东北部暴雨灾害孕灾环境敏感性指标体系

指标类型	基础层指标	权重
地形	地势 地形变化	0.54
水系	河网密度 距离水体远近	0.30
植被	植被覆盖度	0.16

6.3.5.2 暴雨孕灾环境敏感性分布特征

根据孕灾环境敏感性模型计算得到孕灾环境敏感性指数，在空间分析技术的基础上，利用自然断点分级法将孕灾环境敏感性划分为 4 个等级(高、较高、较低、低)。

从青藏高原东北部暴雨灾害孕灾环境敏感性空间分布可以看出(图 6.8)，孕灾环境高、较高敏感区主要集中在门源、大通、湟源、湟中、西宁、互助、乐都、民和、化隆、循化、平安、尖扎、同仁、贵德的部分地区，其余地区孕灾环境敏感性较低—低。根据上述对地形、水系、植被影响指标的分析，青藏高原东北部的乡镇多集中在地势平坦、水系发达、植被条件较好的地区，这种地理生态环境较容易孕育暴雨洪涝灾害，均是暴雨灾害孕灾环境敏感性较高的区域，当发生短时强降水时，极强的致灾条件极有可能诱发暴雨灾害，淹没村庄，并伴随有泥石流、滑坡等地质灾害发生。

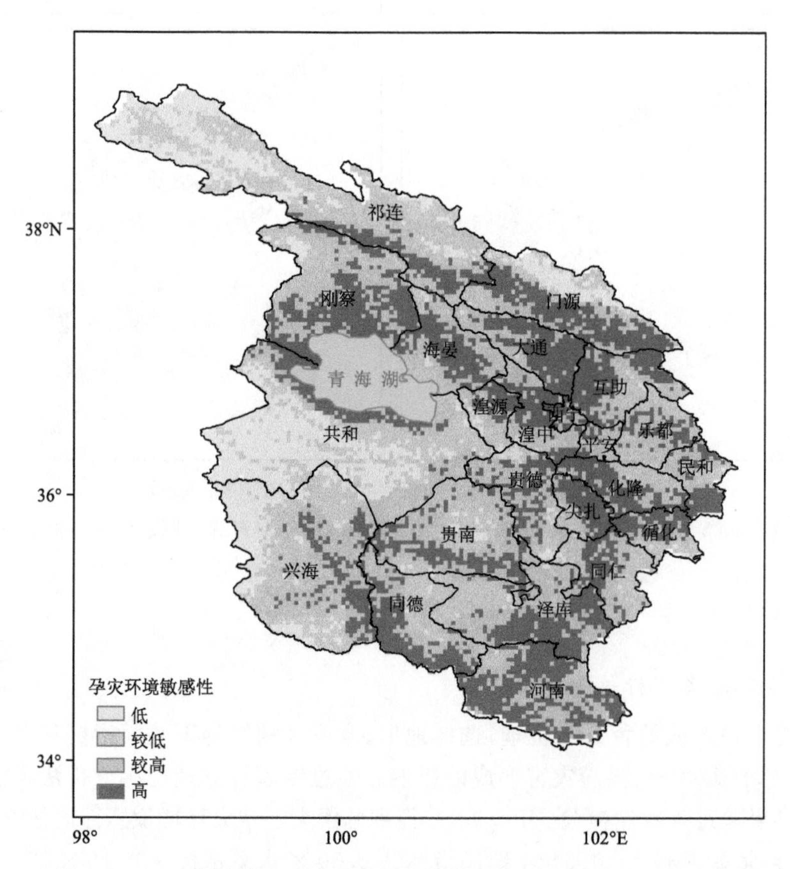

图 6.8 2020 年青藏高原东北部暴雨灾害孕灾环境敏感性空间分布

6.3.6 人口、GDP、耕地分布特征

青藏高原东北部人口主要集中在西宁、大通、湟中、湟源、平安、互助、乐都、民和、化隆、循化等地，其次为同仁、尖扎、贵德、贵南、同德、泽库、共和东部、海晏等地，祁连、刚察、兴海、共和西部、河南等地人口分布最少(图 6.9a)。青藏高原东北部 GDP 在西宁、大通、湟中、互助、平安、乐都、民和等地较高，其次为湟源、贵德、尖扎、同仁、循化、化隆、共和东部，其余地区 GDP

均较低(图 6.9b)。青藏高原东北部耕地主要分布在湟源、湟中、大通、门源西南部、互助西部、乐都、民和及循化、化隆、贵德、贵南、同德、刚察的零星地区(图 6.9c)。人口越密集、GDP 越高、耕地分布越多的地区,承受暴雨灾害的脆弱性越高,暴雨造成的可能损失就越严重。

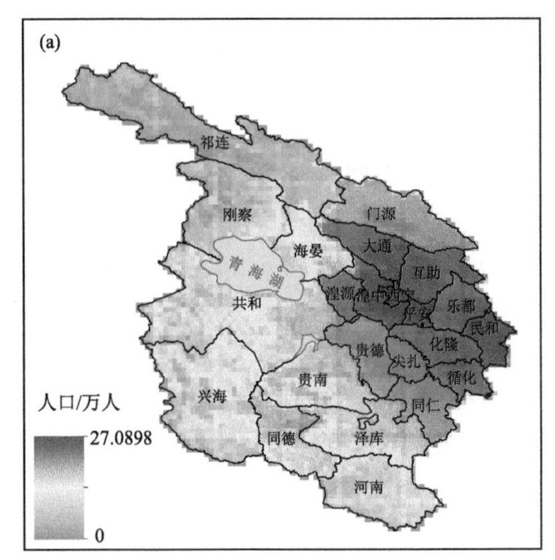

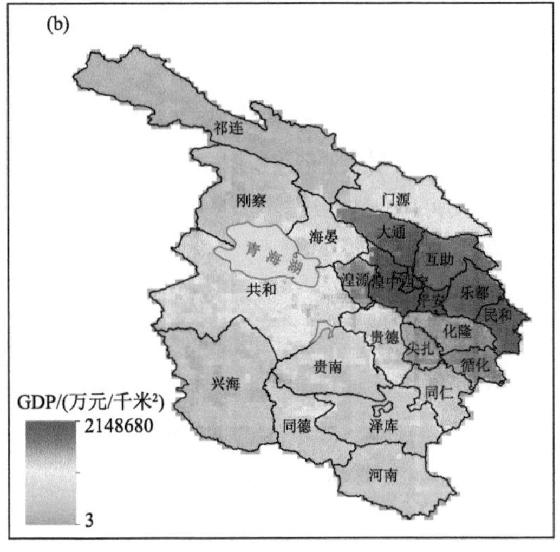

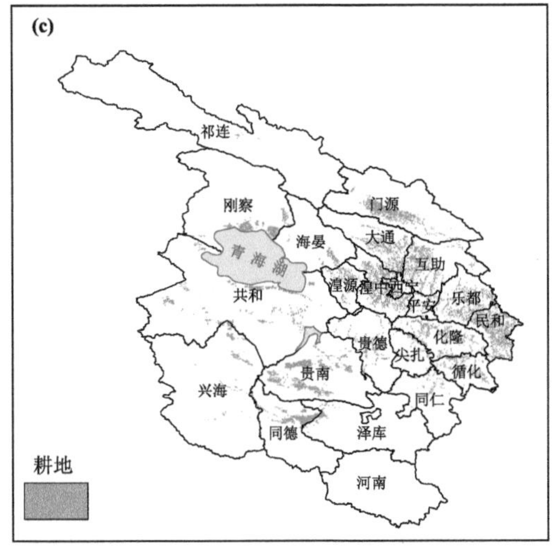

图 6.9　2020 年青藏高原东北部人口(a)、GDP(b)、耕地(c)空间分布

6.3.7　暴雨灾害承灾体暴露度

6.3.7.1　承灾体各指标权重计算

根据暴雨灾害发生对人民生命安全及社会经济活动的影响,选择人口、GDP 及耕地分布等指标建立承灾体暴露度评估模型,分析承灾体对暴雨灾害形成的影响。通过专家打分及层次分析法确定各指标的权重(表 6.7),结果通过一致性检验(CR<0.1),得到暴雨灾害承灾体暴露度评估模型如下:

$$\text{承灾体暴露度} = 0.4 \times \text{人口} + 0.4 \times \text{GDP} + 0.2 \times \text{耕地} \tag{6.11}$$

表 6.7 青藏高原东北部暴雨灾害承灾体指标体系

指标类型	权重
人口	0.4
GDP	0.4
耕地	0.2

6.3.7.2 暴雨承灾体暴露度分布特征

根据承灾体暴露度模型计算得到承灾体暴露度指数，在空间分析技术的基础上，利用自然断点分级法将承灾体暴露度划分为 4 个等级(高、较高、较低、低)。

从青藏高原东北部暴雨灾害承灾体暴露度空间分布可以看出(图 6.10)，承灾体高暴露区主要分布在大通、湟源、湟中、互助、平安、化隆、乐都、循化、民和等地区，承灾体较高暴露区则分布在门源西南部、西宁及贵德、贵南、同德、共和、刚察的耕地分布的地区，其余地区承灾体暴露度较低—低。根据上述对人口、GDP 和耕地分布影响指标的分析，青藏高原东北部的乡镇多集中在人口密集、GDP 高及耕地分布较多的地区，这种社会经济分布格局极易在暴雨灾害发生时受到影响，当发生短时强降水时，人民的生命安全及社会经济极有可能受到损失。

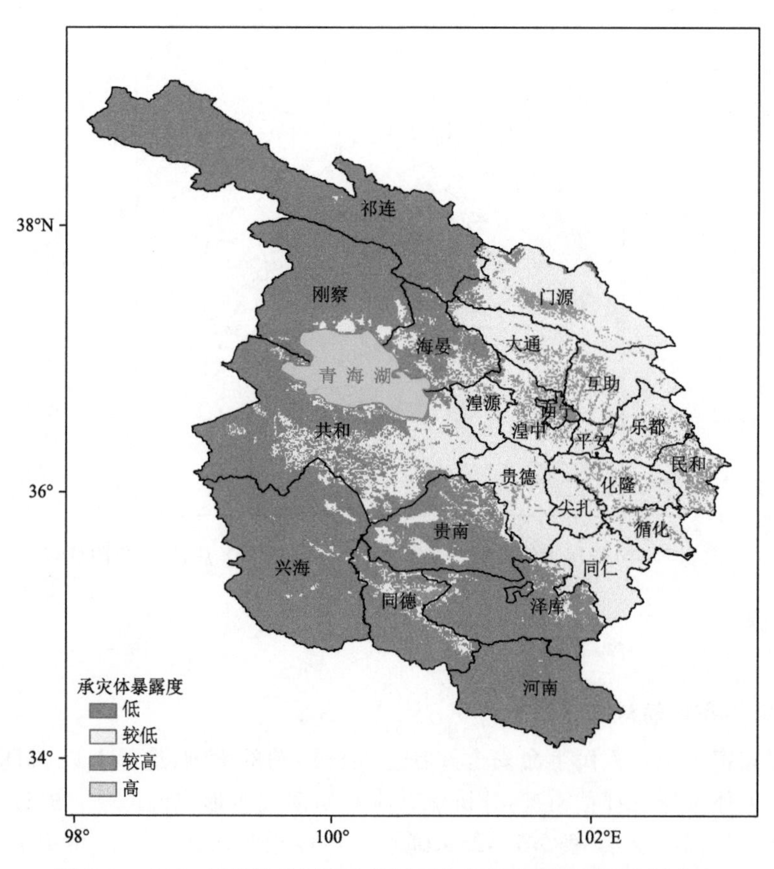

图 6.10 2020 年青藏高原东北部暴雨灾害承灾体暴露度空间分布

致灾因子的危险性仅反映了暴雨可能产生的危害大小，而实际造成危害的程度还与承灾体暴露度和脆弱性有关。承灾体暴露度是指暴露在降雨影响范围内的人口、房屋、财产、农田、设施等数量和价值量。承灾体脆弱性是指承灾体面对外界扰动的敏感性和反应能力，可分解为灾损敏感性和抗灾能力。同等强度的暴雨，发生在人口和经济暴露度高、脆弱性高的地区造成的损失往往要比发生在人口和经济暴露度低、脆弱性低的地区大得多，灾害风险也相应偏大。

根据暴雨灾害风险形成原理及评价指标体系，分别将致灾危险性、承灾体暴露度和承灾体脆弱性各指标进行归一化，再加权综合，建立风险评估模型如下：

$$\mathrm{MDRI} = (\mathrm{TI}^{we})(\mathrm{EI}^{wh})(\mathrm{VI}^{ws}) \tag{6.12}$$

式中：MDRI 为暴雨灾害风险指数，用于表示暴雨灾害风险程度，其值越大，则暴雨灾害风险程度越大；TI、EI、VI 分别表示暴雨致灾危险性、承灾体暴露度、承灾体脆弱性指数；we、wh、ws 是致灾危险性、承灾体暴露度、脆弱性指数的权重，权重的大小依据各因子对暴雨灾害的影响程度大小，可根据信息熵赋权法、主成分分析法、层次分析法、专家打分法等多种方法，并结合当地实际情况讨论确定。如不考虑脆弱性，则可将致灾危险性和承灾体暴露度进行加权求积，得到风险评估结果。

依据不同承灾体风险评估结果，结合行政单元进行空间划分，可采用百分位数法（可根据各地实际调整阈值范围，表 6.8）、自然断点法或者其他分级方法，将风险等级划分为Ⅰ级至Ⅴ级共 5 个等级，分别对应风险高、较高、中等、较低、低。

表 6.8　基于百分位数法的风险等级划分标准

百分位范围(R)	$R\leqslant 50\%$	$50\%<R\leqslant 70\%$	$70\%<R\leqslant 85\%$	$85\%<R\leqslant 95\%$	$R>95\%$
风险等级	Ⅴ级	Ⅳ级	Ⅲ级	Ⅱ级	Ⅰ级
级别含义	低	较低	中等	较高	高
等级阈值	$R\leqslant 0.6$	$0.6<R\leqslant 0.65$	$0.65<R\leqslant 0.75$	$0.75<R\leqslant 0.85$	$R>0.85$

6.4　青藏高原东北部地区暴雨灾害风险特征

通过暴雨灾害致灾危险性结合暴雨灾害承灾体的暴露度，计算青藏高原东北部地区暴雨灾害风险指数，从图中可以得出：青藏高原东北部地区暴雨灾害风险总体呈东北部高，西部低的分布形势，其中西宁、大通、湟源、湟中的部分地区为暴雨灾害的高风险区，贵南、兴海、同德、民和、乐都、尖扎、化隆、刚察的部分地区为暴雨灾害的较高风险区，其他地区为暴雨灾害的中风险以及较低风险和低风险地区（图 6.11）。

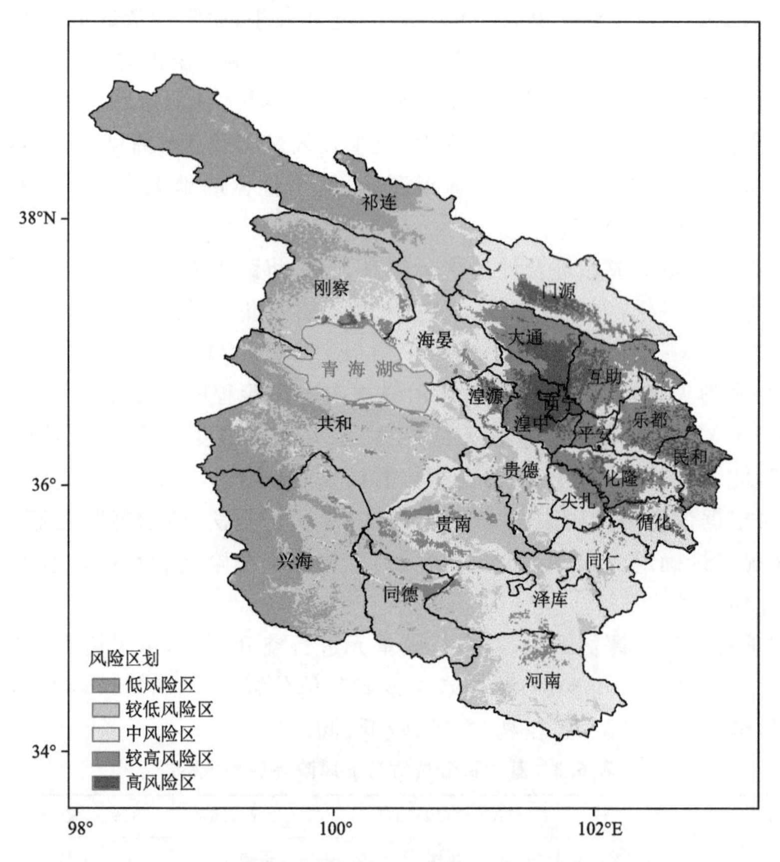

图 6.11　青藏高原东北部地区暴雨灾害风险空间分布

第 7 章
历年暴雨灾害风险评估结果及检验

统计 2000 年以来，从青藏高原东北部地区发生的暴雨灾害过程次数来看，海南州为暴雨灾害发生灾情次数最多的地区，其中贵德为 160 次，是灾情次数最多的站点，其次为兴海，共出现 151 次，贵南、同德分别出现 98 次、80 次，为灾情次多区，共和、化隆分别为 69 次、55 次，祁连、大通、民和、湟中、河南、尖扎、同仁分别为 20 次、21 次、23 次、26 次、28 次、36 次、43 次，其他地区均不足 20 次(图 7.1)。

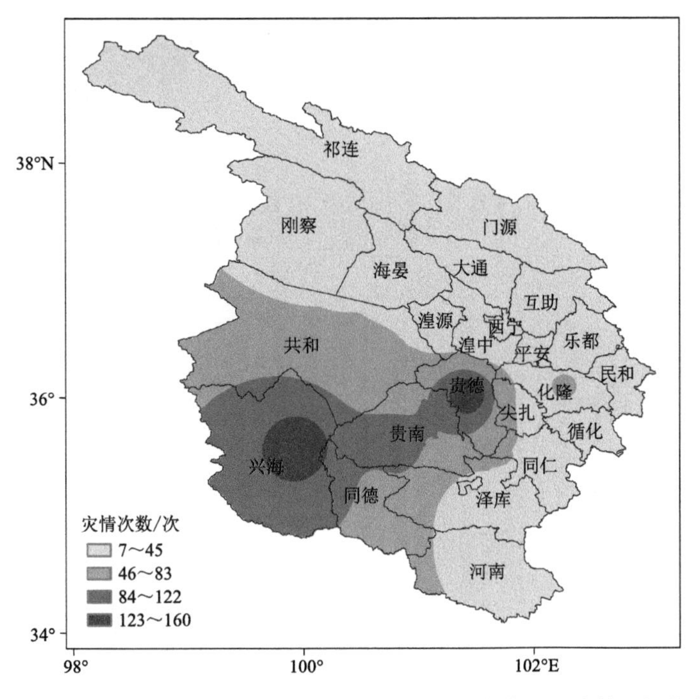

图 7.1　2000—2022 年青藏高原东北部地区暴雨灾害过程次数空间分布

7.1　2022 年青藏高原东北部地区暴雨灾害风险分布特征

统计 2022 年暴雨过程，以及暴雨过程中日最大降水量、累计降水量和持续天数三个指标，分别计算 2022 年暴雨灾害的雨涝指数、致灾危险性指数、暴雨灾害风险指数，并与 2022 年降水引发的灾情次数对照可以看出：2022 年青藏高原东北部地区暴雨灾害雨涝指数和致灾危险性分布形势基本一致，刚察、大通、湟中、西宁、平安、化隆、尖扎、互助的部分地区为暴雨灾害致灾的高危险区，门源、同仁、贵德、循化、共和、乐都的部分地区为暴雨灾害致灾的较高危险区，其他地区为暴雨灾害致灾的中危险区和低危险区（图 7.2a，b）。从暴雨灾害风险特征可以看出，2022 年青藏高原东北部地区暴雨灾害风险较高，大通、湟中、西宁、平安、化隆、尖扎、刚察的部分地区为暴雨灾害高风险区，乐都、贵德、同仁、门源的部分地区为暴雨灾害较高风险区（图 7.2c）。从 2022 年降水引发灾害的灾情来看，兴海为 2022 年降水引发灾害次数最多的地区，出现了 11 次，其次为贵德出现了 7 次，同德和湟中出现了 6 次，同仁出现了 5 次，其他地区出现次数在 5 次以下（图 7.2d）。

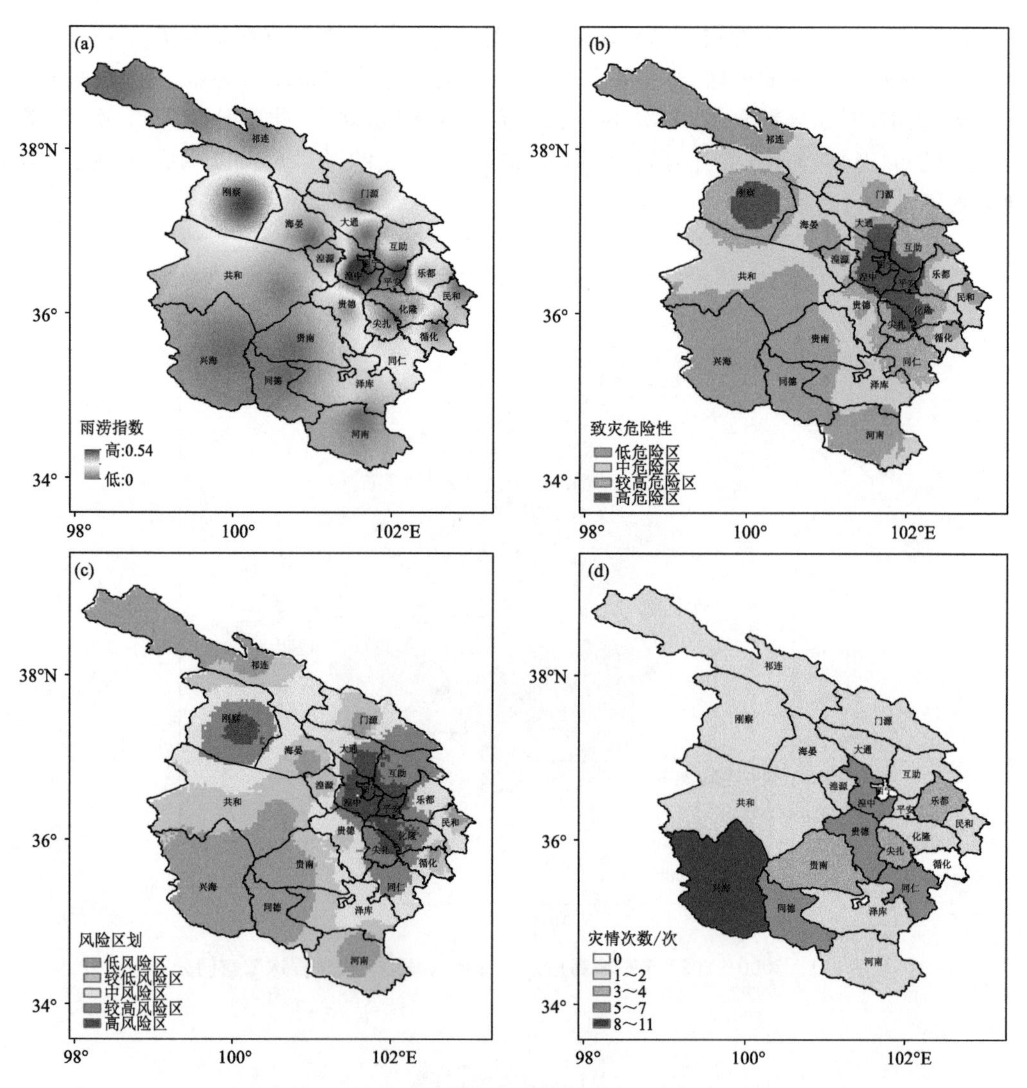

图 7.2　2022 年青藏高原东北部地区暴雨灾害雨涝指数(a)、致灾危险性(b)、风险区划(c)、灾情次数(d)空间分布

7.2　2021年青藏高原东北部地区暴雨灾害风险分布特征

统计2021年暴雨过程，以及暴雨过程中日最大降水量、累计降水量和持续天数三个指标，分别计算2021年暴雨灾害的雨涝指数、致灾危险性指数、暴雨灾害风险指数，并与2021年降水引发的灾情次数对照可以看出：2021年青藏高原东北部地区暴雨灾害雨涝指数和致灾危险性分布形势基本一致，大通、化隆的部分地区为暴雨灾害致灾的高危险区，海晏、西宁、湟中、平安、乐都、民和、尖扎、循化、同仁、门源的部分地区为暴雨灾害致灾的较高危险区，其他地区为暴雨灾害致灾的中危险区和低危险区（图7.3a，b）。从暴雨灾害风险特征可以看出，2021年青藏高原东北部地区暴雨灾害的高风险区为大通、化隆的部分地区，海晏、西宁、湟中、平安、乐都、民和、尖扎、循化、同仁的部分地区为暴雨灾害较高风险区（图7.3c）。从2021年降水引发

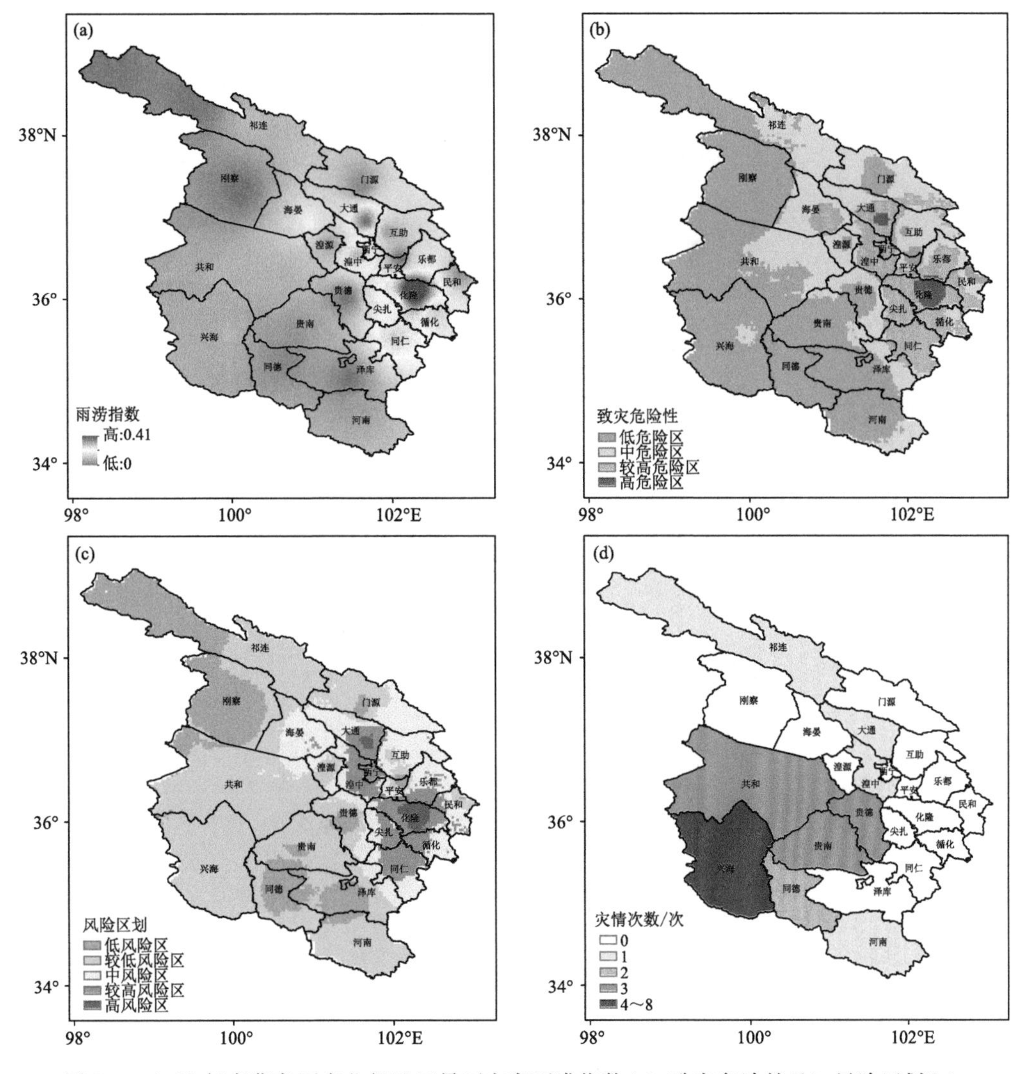

图7.3　2021年青藏高原东北部地区暴雨灾害雨涝指数(a)、致灾危险性(b)、风险区划(c)、灾情次数(d)空间分布

灾害的灾情来看，兴海为 2021 年降水引发灾害次数最多的地区，出现了 8 次，其次为共和、贵南、贵德出现了 3 次，同德出现了 2 次，其他地区出现了 1 次或未出现灾情(图 7.3d)。

7.3 2020 年青藏高原东北部地区暴雨灾害风险分布特征

统计 2020 年暴雨过程，以及暴雨过程中日最大降水量、累计降水量和持续天数三个指标，分别计算 2020 年暴雨灾害的雨涝指数、致灾危险性指数、暴雨灾害风险指数，并与 2020 年降水引发的灾情次数对照可以看出：2020 年青藏高原东北部地区暴雨灾害雨涝指数和致灾危险性分布形势基本一致，湟源、大通、祁连、河南、互助的部分地区为暴雨灾害致灾的高危险区，门源、乐都、西宁、湟中、兴海、贵南、共和、贵德的部分地区为暴雨灾害致灾的较高危险区，其他地区为暴雨灾害致灾的中危险区和低危险区(图 7.4a，b)。从暴雨灾害风险特征可以看出，2020

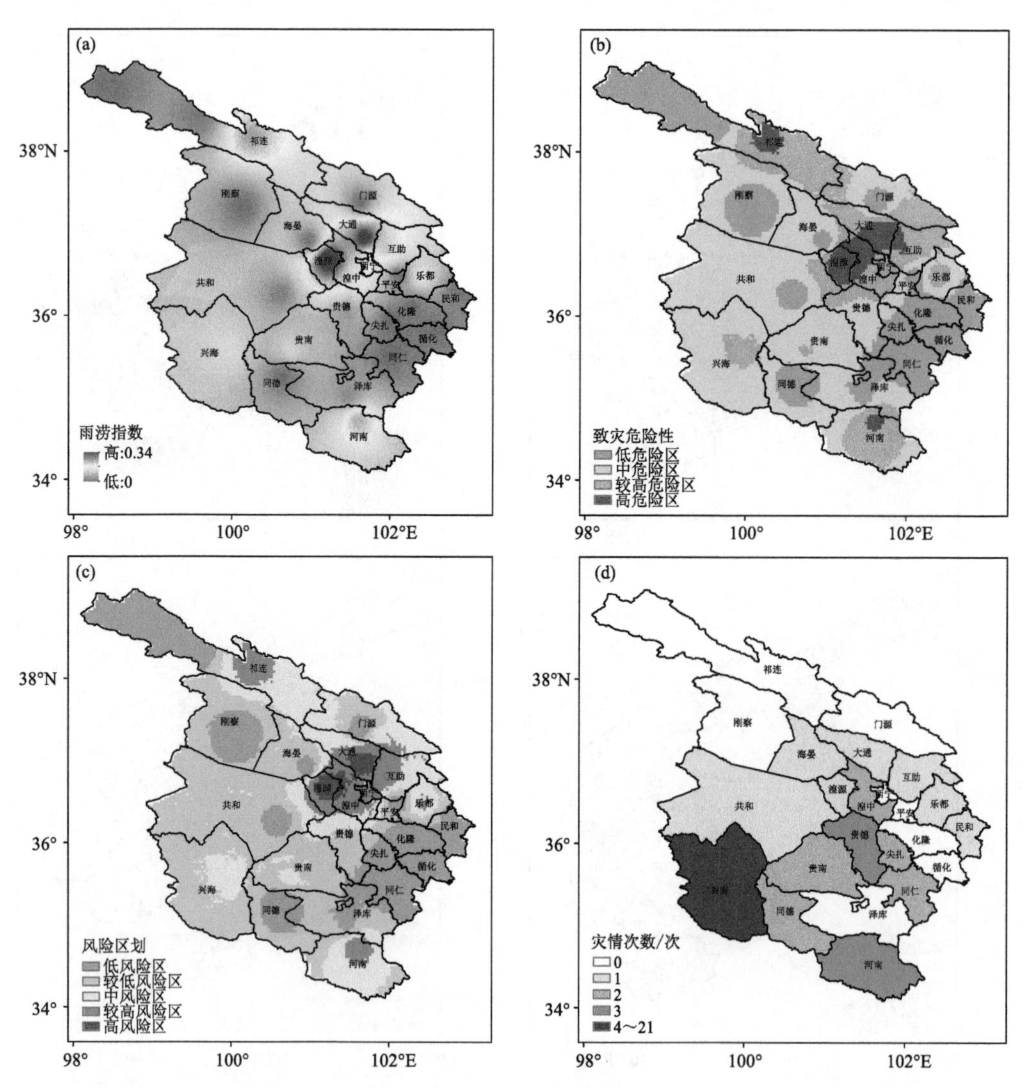

图 7.4 2020 年青藏高原东北部地区暴雨灾害雨涝指数(a)、致灾危险性(b)、风险区划(c)、灾情次数(d)空间分布

年青藏高原东北部地区暴雨灾害的高风险区为大通、湟源的部分地区，西宁、乐都、河南、互助、湟中、祁连的部分地区为暴雨灾害较高风险区（图 7.4c）。从 2020 年降水引发灾害的灾情来看，兴海为 2020 年降水引发灾害次数最多的地区，出现了 21 次，其次为贵德和河南，均出现了 3 次，贵南、同德、同仁、尖扎、湟中出现了 2 次，其他地区出现 1 次或未出现灾情（图 7.4d）。

7.4 2019 年青藏高原东北部地区暴雨灾害风险分布特征

统计 2019 年暴雨过程，以及暴雨过程中日最大降水量、累计降水量和持续天数三个指标，分别计算 2019 年暴雨灾害的雨涝指数、致灾危险性指数、暴雨灾害风险指数，并与 2019 年降水引发的灾情次数对照可以看出：2019 年青藏高原东北部地区的门源、大通、西宁、互助、化隆、湟中、贵南、河南的部分地区暴雨灾害雨涝指数较高，其他地区都相对较低（图 7.5a）；暴雨

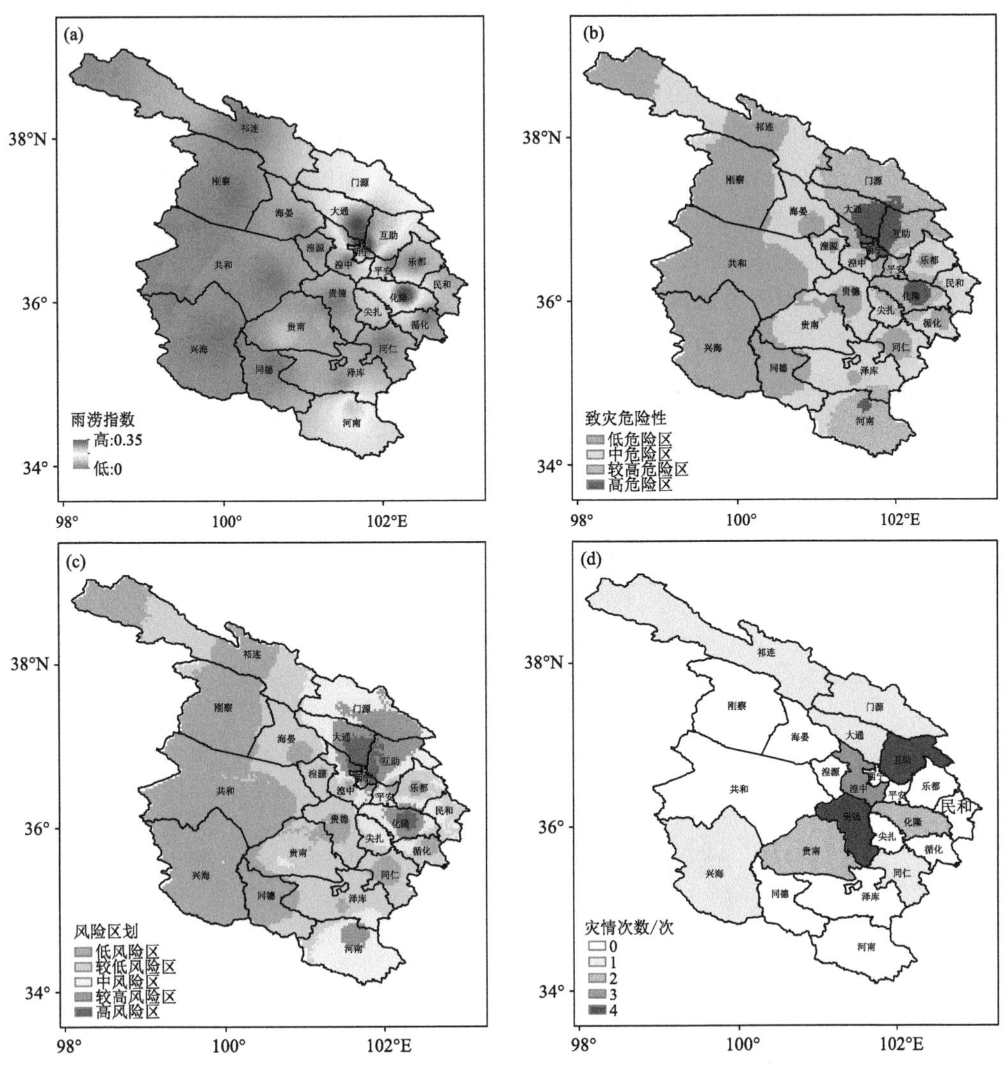

图 7.5　2019 年青藏高原东北部地区暴雨灾害雨涝指数(a)、致灾危险性(b)、风险区划(c)、灾情次数(d)空间分布

灾害致灾危险性大通、西宁、化隆、河南的部分地区为暴雨灾害致灾高危险区，门源、湟中、平安、尖扎的部分地区为较高危险性区，其他地区都为中危险区和较低危险区(图 7.5b)；从暴雨灾害风险特征可以看出，2019 年青藏高原东北部地区暴雨灾害的风险大部分偏低，只有门源、大通、湟中、西宁、化隆、河南的部分地区风险相对较高，其他地区大部分都为低风险区和较低风险区(图 7.5c)。从 2019 年降水引发灾害的灾情来看，2019 年为降水引发暴雨灾害灾情相对少的年份，其中贵德、互助为 2019 年降水引发灾害次数最多的地区，均出现了 4 次，其次为湟中，出现了 3 次，贵南、化隆出现了 2 次，兴海、同仁、大通、门源、祁连出现 1 次，其他地区均未出现灾情(图 7.5d)。

7.5　2018 年青藏高原东北部地区暴雨灾害风险分布特征

统计 2018 年暴雨过程，以及暴雨过程中日最大降水量、累计降水量和持续天数三个指标，分别计算 2018 年暴雨灾害的雨涝指数、致灾危险性指数、暴雨灾害风险指数，并与 2018 年降水引发的灾情次数对照可以看出：前面暴雨过程强度计算已经得出，2018 年为出现极端暴雨过程事件的年份，所以可以看出，2018 年青藏高原东北部地区暴雨灾害雨涝指数和致灾危险性分布形势基本一致，乐都、尖扎、同仁、贵南、民和、化隆、循化的部分地区为暴雨灾害致灾的高危险区，刚察、湟中、平安、同德、泽库、河南、贵德为暴雨灾害致灾的较高危险区，其他地区为暴雨灾害致灾的中危险区和低危险区(图 7.5a,b)。从暴雨灾害风险特征可以看出，2018 年青藏高原东北部地区暴雨灾害的高风险区为乐都、民和、平安、化隆、循化、同仁、尖扎、贵南的部分地区，西宁、湟中、互助、贵德、泽库、同德、河南、刚察的部分地区为暴雨灾害较高风险区，其他大部分地区为中风险区和较低风险区，低风险区面积较小(图 7.6c)。从 2018 年降水引发灾害的灾情来看，兴海为 2018 年降水引发灾害次数最多的地区，出现了 18 次，其次为贵德和同德，分别出现了 14 次和 13 次，贵南、化隆、尖扎、民和、互助、湟中、同仁、海晏分别出现了 10 次、9 次、6 次、6 次、5 次、4 次、4 次、2 次，其他地区出现 1 次或未出现灾情(图 7.6d)。

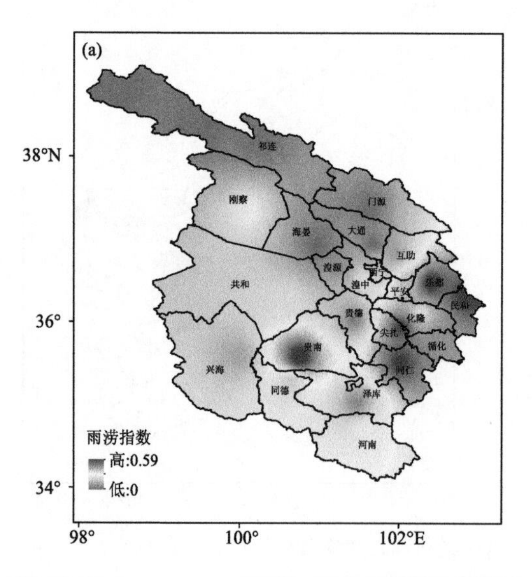

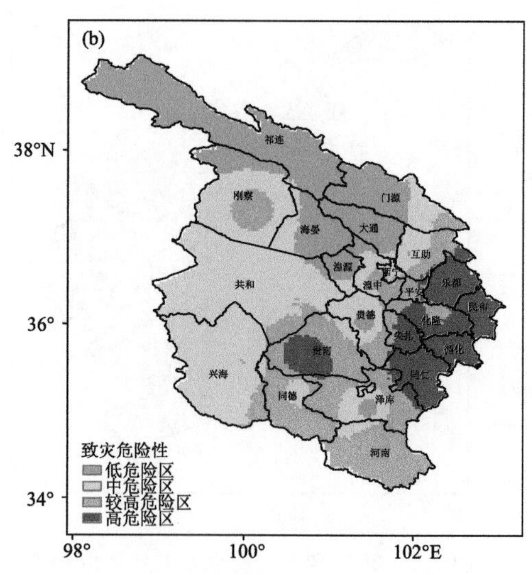

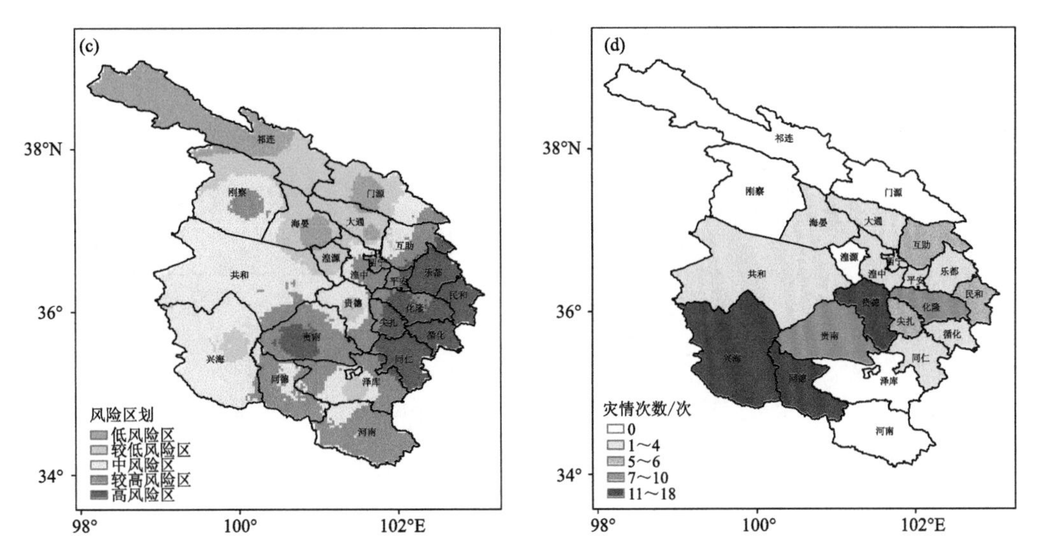

图7.6 2018年青藏高原东北部地区暴雨灾害雨涝指数(a)、致灾危险性(b)、风险区划(c)、灾情次数(d)空间分布

7.6 2017年青藏高原东北部地区暴雨灾害风险分布特征

统计2017年暴雨过程，以及暴雨过程中日最大降水量、累计降水量和持续天数三个指标，分别计算2017年暴雨灾害的雨涝指数、致灾危险性指数、暴雨灾害风险指数，并与2017年降水引发的灾情次数对照可以看出：2017年青藏高原东北部地区暴雨灾害雨涝指数和致灾危险性分布形势基本一致，刚察为暴雨灾害致灾的高危险区，刚察、共和、门源、大通、泽库和河南的部分地区为暴雨灾害致灾的较高危险区，其他地区为暴雨灾害致灾的中危险区和低危险区(图7.7a,b)。从暴雨灾害风险特征可以看出，2017年青藏高原东北部地区暴雨灾害的高风险

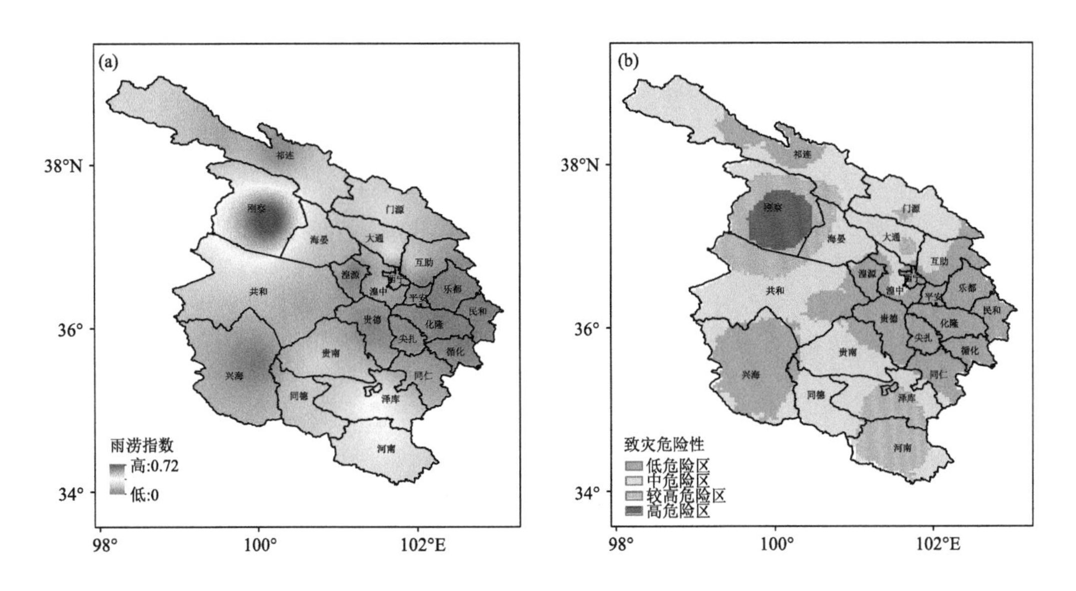

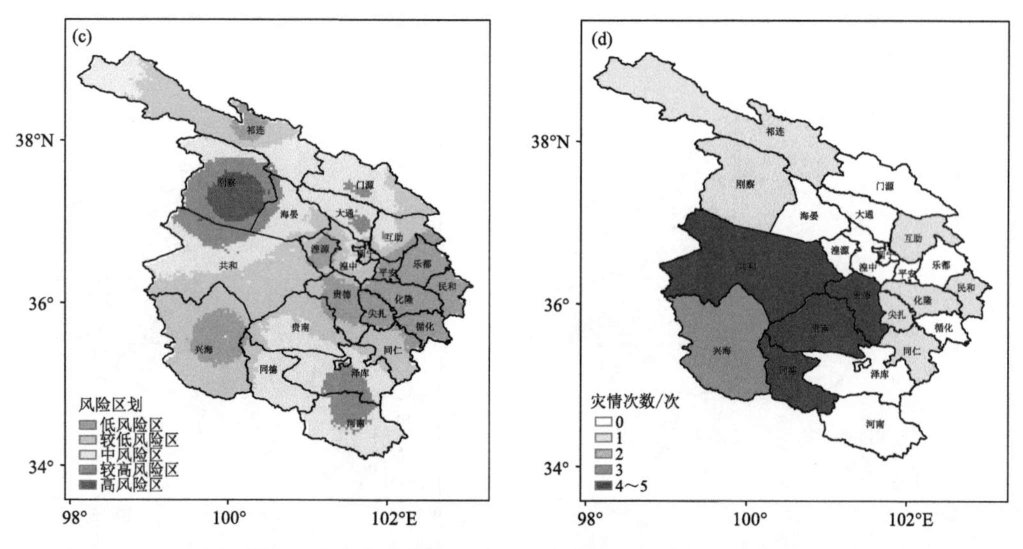

图 7.7　2017 年青藏高原东北部地区暴雨灾害雨涝指数(a)、致灾危险性(b)、风险区划(c)、灾情次数(d)空间分布

区为刚察的部分地区，河南、共和、门源、大通、互助、泽库的部分地区为暴雨灾害较高风险区，其他大部分地区为中风险区和较低风险区。从 2017 年降水引发灾害的实际灾情来看，贵德、同德为 2017 年降水引发灾害次数最多的地区，均出现了 5 次，其次为贵南和共和，均出现了 4 次，兴海为 3 次，化隆、民和、互助、同仁、祁连、刚察出现了 1 次，其他地区未出现灾情。

7.7　2016 年青藏高原东北部地区暴雨灾害风险分布特征

统计 2016 年暴雨过程，以及暴雨过程中日最大降水量、累计降水量和持续天数三个指标，分别计算 2016 年暴雨灾害的雨涝指数、致灾危险性指数、暴雨灾害风险指数，并与 2016 年降水引发的灾情次数对照可以看出：2016 年青藏高原东北部地区暴雨灾害雨涝指数和致灾危险性分布形势基本一致，祁连、刚察、河南为暴雨灾害致灾的高危险区，门源、大通、湟源、共和、兴海、同德、贵南的部分地区为暴雨灾害致灾的较高危险区，其他地区为暴雨灾害致灾的中危险区和低危险区(图 7.8a,b)。从暴雨灾害风险特征可以看出，2016 年青藏高原东北部地区暴雨灾害的高风险区为祁连、刚察、湟源、同德、河南的部分地区，门源、大通、兴海、贵南、共和的部分地区为暴雨灾害较高风险区(图 7.8c)。从 2016 年降水引发灾害的灾情来看，同德、贵德为 2016 年降水引发灾害次数最多的地区，分别出现了 15 次和 14 次，其次为共和、兴海和贵南，分别出现了 7 次、7 次和 5 次，祁连、海晏、门源均出现了 2 次，刚察、西宁、湟源均出现了 1 次，其他地区未出现灾情(图 7.8d)。

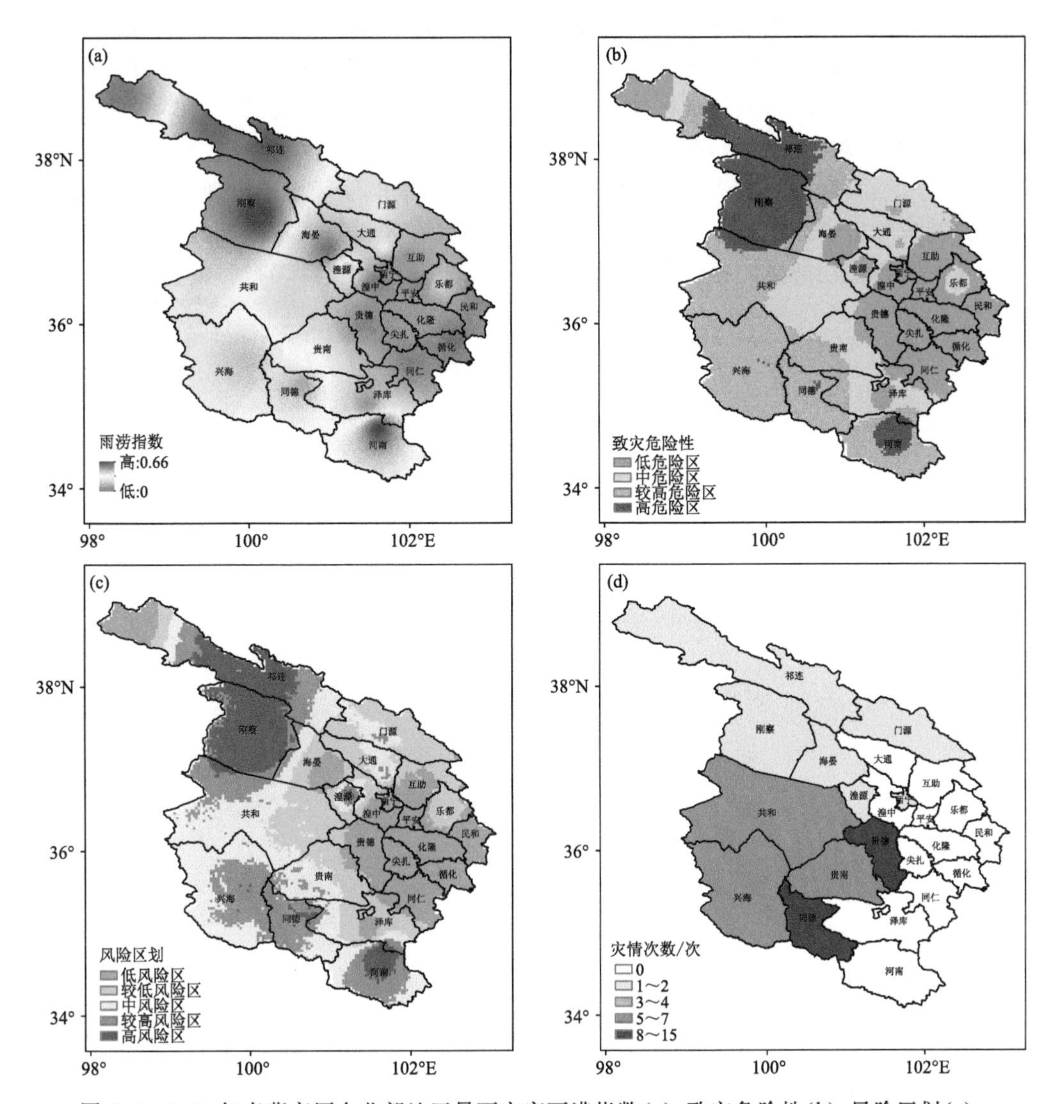

图 7.8　2016 年青藏高原东北部地区暴雨灾害雨涝指数(a)、致灾危险性(b)、风险区划(c)、灾情次数(d)空间分布

7.8　结果分析

通过 2016—2022 年实际灾情发生次数与暴雨灾害风险预估结果对比分析来看，首先风险预估的风险区域可以较好地反映当年的极端降水以及灾情发生情况，尤其对当年重大灾情的发生有较好的指示，如 2022 年暴雨灾害风险区主要在东部地区的西宁、大通、湟中、平安、华隆、互助、尖扎、刚察一带，虽然实际灾情显示兴海出现次数最多，但单纯以灾情次数不能反映暴雨灾害风险的总体情况，因为 2022 年较大的几次暴雨灾害均发生在青海东北部地区，如大通 8 月 17 日发生的山洪灾害，造成 26 人死亡，互助 9 月 1 日因降水引发的滑坡灾害造成 6 人死亡，均发生在暴雨灾害的高风险区中，说明风险预估对极端降水或者重大灾情发生的预估效

果较好，但是在灾情次数或者较小降水引发的灾情方面预估能力还存在不足。另外，如 2019 年，青藏高原东北部地区暴雨灾害的风险大部分偏低，只有门源、大通、湟中、西宁、化隆、河南的部分地区风险相对较高，其他地区大部分都为低风险区和较低风险区。而 2019 年为降水引发暴雨灾害灾情相对少的年份，其中贵德、互助均出现了 4 次，其次为湟中，出现了 3 次，贵南、化隆出现了 2 次，兴海、同仁、大通、门源、祁连出现 1 次，其他地区均未出现灾情。从预估结果总体来看，高风险地区面积较小，多为中风险区、较低风险区和低风险区，而实际灾情也相对偏少，且发生的灾害往往造成的损失较小，影响不明显。所以风险总体的预估趋势是准确的。